Die Geheimnisse des Wassers

Bernd Kröplin
Regine C. Henschel

Die Geheimnisse des Wassers

Neueste erstaunliche Ergebnisse aus der Wasserforschung

at VERLAG

4. Auflage, 2023

AT Verlag, Aarau und München
Lektorat: Petra Holzmann
Umschlagbild: »Welt im Tropfen«-Forschung,
Prof. Dr. Bernd Kröplin, Regine C. Henschel
Bildbearbeitung: Vogt-Schild Druck, Derendingen
Druck und Bindearbeiten: Westermann Druck, Zwickau
Printed in Germany

ISBN 978-3-03800-903-0

www.at-verlag.ch

Der AT Verlag wird vom Bundesamt für Kultur
für die Jahre 2021–2024 unterstützt

Inhalt

Vorwort
Es ist an der Zeit

Geist bewegt Materie – dieses Postulat der Quantenphysik gilt es für den Alltag anwendbar zu dokumentieren. Ausgerechnet ein geruchloses, farbloses, formloses und geschmackloses Element hat uns bei unseren Forschungen auf den richtigen Weg gebracht: das Wasser. Oder sind es gerade die Eigenschaften des Wassers, die uns diese Forschung und die Suche überhaupt erst ermöglicht haben?

Wasser ist die am häufigsten vorkommende Substanz auf der Erde. Ohne Wasser keine Atmosphäre, kein Leben, kein Mensch, der bis zu siebzig Prozent aus Wasser besteht. Das Wasser als Lebensgrundstoff mit seinen über vierzig Anomalien zeigt uns bildhaft in seinen Tropfen, was wir derzeit in Quantenphysik und Biologie durchleben.

Unsere Zeit befindet sich in dem wohl substanziellsten Umbruch, der eine neue Ära der Menschheit einleiten könnte. Wir entdecken ein neues Verständnis von Geist zu Materie, das dem Menschen die Rolle eines Mitschöpfenden zuweist, die des geistigen Gestalters der Welt. Ausgelöst wird dieser Umbruch unserer Meinung nach durch Folgendes: Die Physik nähert sich in der Quantenmechanik der Bewusstseinsforschung, die bisher eine Domäne der Philosophie und der Psychologie war. Und die Biologie trägt mit den neuesten Ergebnissen der Zellforschung dazu bei, zu erkennen, dass das Leben und die Funktionen der Zellen nur durch die Verbindung mit einem »höheren Bewusstsein« existieren. Selbst die bisher so starren Regeln der Genetik weichen einer Epigenetik, die den Umweltfaktoren und einem übergeordneten Bewusstsein ein großes Potenzial bei der Zellentwicklung und der Ausgestaltung des Lebens zusprechen (Lipton 2014). Der Begriff der festen Materie ist einem imaginären Quantenfeld gewichen, dem Intelligenz, morphogenetische Informationen und durchaus auch Schwingungen der Liebe zugesprochen werden. Vieles, was die alten Mystiker und Philosophen einst wussten, vieles von dem vergessen geglaubten und verborgenen Wissen kommt jetzt in einem neuen Gewand und mit einem erweiterten Verständnis zu uns zurück. Es ist für unser Jahrtausend »anfass- und umsetzbarer« geworden.

Bereits 1944 sagte Max Planck: »Es gibt keine Materie an sich! (...) Nicht die sichtbare, aber vergängliche Materie ist das Reale, Wahre und Wirkliche, sondern der unsichtbare, unsterbliche Geist ist das Wahre.«

Die Weltbilder von Mensch und Kosmos und ihre Relation zueinander sind also längst revolutioniert, aber was bedeutet das für uns in unserem alltäglichen Sein? Sind wir nur selbstorganisierte »Masseklumpen«, die von blinden und sinnlosen Naturgesetzen dominiert werden? Oder sind wir Geschöpfe, die mit Bewusstsein, Willen und Spiritualität ausgestattet sind und die in einer Welt der Information und der vielfältigen Möglichkeiten, in der alles mit allem verbunden ist, zu Hause sind? Einer Welt, in der die verschiedenen Dinge viel mehr voneinander wissen, reflektieren und erkennen, als wir gemeinhin glauben und in der das Wasser eine äußerst zentrale Rolle spielt?

Wir können über das Wasser an dieser großen Weltbild-Revolution in unserem Alltäglichen teilhaben und etwas davon erfassen und erleben, denn mit etwas Geschick sind uns diese subtilen, zu entdeckenden Welten mit unseren Sinnen zugänglich.

Unsere Forschungsreise mit dem Wasser war so spannend, dass wir uns in diesem Buch aufgemacht haben, unsere Erkenntnisse allen mitzuteilen, die offen sind, die geheimnisvollen Wunder der Welt des Wassers mit uns zu teilen. Wir haben bei unserer Forschung bewusst einen zwanglosen phänomenologischen Zugang gewählt, der dem Denken und dem Fühlen sowie der Kreativität Raum lässt und der weder die Wissenschaft noch die Emotion verrät.

Wir in unserer Wasserforschung halten es mit Albert Einstein: »Je mehr wir forschen, desto mehr erkennen wir einen schöpferischen Plan. Gott würfelt nicht.«
Lassen Sie sich überraschen!

Prof. Dr. Bernd Kröplin und Regine C. Henschel

Vom Gedächtnis des Wassers

Wirkung, Grundlagen, Versuchsmethode

WIE ALLES BEGANN …

Wir waren »Luft- und Raumfahrer« an der Universität Stuttgart und hatten Anfang der Neunzigerjahre des letzten Jahrhunderts den Eindruck gewonnen, dass die russischen Raumfahrer immer deutlich weniger erschöpft aus dem All auf die Erde zurückkehrten als ihre amerikanischen Kollegen.

Es hieß, dass sie sich an Bord mit elektromagnetischen Wellen behandelten, einem Verfahren, das unter dem Namen »Bioresonanz« auch in Deutschland bekannt war, dessen Wirkung aber angezweifelt wurde. Also begaben wir uns auf die Suche nach einem Stoff, der diese schwachen elektromagnetischen Wellen abbilden und sie eventuell sogar bleibend sowie unschädlich in den Körper einbringen kann. Wir waren sehr überrascht, als wir entdeckten, dass solche Wirkungen durch Mikroskopie in getrockneten Wassertropfen sichtbar werden – und machten uns sofort an die Forschungsarbeit.

Nun leben wir in einer Zeit, in der wir Menschen annehmen, die Welt mit Hilfe der Wissenschaft erkennen und beherrschen zu können, indem wir sie durch die Ratio und ihre Regeln immer besser erfassen. Dazu werden ständig neue, weitergehende Theorien erfunden und experimentell überprüft, denn nicht in der Theorie, die stets eine Vision ist, sondern »im Experiment liegt die Wahrheit«. Nur das Experiment ist real und beschreibt einen Ausdruck von Wirklichkeit. Ob das Experiment ein wirkliches Phänomen beschreibt, kann einzig dadurch festgestellt werden, ob es mit demselben Ergebnis wiederholt werden kann. Die Erkenntnis wird aber dadurch erschwert, dass die Versuchsergebnisse oftmals »streuen«, und so wird man nicht müde, beliebig viele Nebeneffekte zu »erfinden«, die nicht berücksichtigt wurden, um diese Streuung zu erklären und die postulierte Theorie zu retten. Denn streng genommen ist diese durch ein einziges abweichendes Experiment bereits widerlegt.

Es gibt jedoch viele Kräfte, die offensichtlich unsere Welt bewegen und die auf diese Weise experimentell nicht messbar sind: Sie sind entweder nicht wiederholbar oder sie entziehen sich den bisherigen üblichen Messmethoden und Instrumenten. Dazu gehören die Gefühle wie Liebe, Hass, Sympathie und viele andere, deren Wirkung wohl niemand in Abrede stellen wird und deren psychosomatische Wirkung auf unsere Leistungsfähigkeit und Gesundheit wohlbekannt ist. Auch der Mond, der in seinen Phasen wohl unbestritten auf den Schlaf und das Pflanzenwachstum wirkt und gemeinhin doch nur als unbelebter Stein gilt, der die Erde umkreist, gehört zu diesen Kräften. Vieles andere könnte hier noch aufgezählt werden.

Bei unseren Experimenten beschlossen wir, alles möglichst wissenschaftlich experimentell durchzuführen, aber gewisse Defizite in der Wiederholbarkeit der Versuche zu

Astronauten vor dem blauen Planeten.

tolerieren, wenn es uns nur gelänge, einen Zugang zu diesen bisher nicht mess- und darstellbaren Phänomenen zu bekommen.

So starteten wir im Jahr 1998 unsere Wasserforschung. Zunächst mit der Künstlerin Ruth Kübler aus Stuttgart und ersten gemeinsamen Ideen und später dann in Nebenräumen des Instituts der Luft- und Raumfahrttechnik in Stuttgart, das unsere professionelle Heimat war und in dem ingenieurwissenschaftlich Fluggeräte entwickelt wurden. Finanziell unterstützt in unserer Wasserforschung wurden wir dabei unter anderem zeitweilig durch das Umweltministerium Baden-Württemberg.

Jetzt, nach beinahe zwanzig Jahren, blicken wir auf eine bewegte Zeit zurück: Als Vorreiter einer neuen Forschungsrichtung und neuen Erkenntnissen war diese Zeit für uns nicht immer leicht. Inzwischen jedoch (nach zahlreichen Ausstellungen und Vorträgen) hat sich die Akzeptanz der Menschen für solche Phänomene und Erkenntnisse geändert. Heute hält man es für möglich, dass zum Beispiel Wasser mit dem Experimentator »kommuniziert«, was damals einigen unserer Wissenschaftskollegen heftige Anfeindungen wert war. Doch Beharrlichkeit führt zum Ziel, und das weiche Wasser bricht den Stein.

Wir haben unsere Erfahrungen und Erkenntnisse als die »Sieben Geheimnisse des Wassers« in Kapiteln zusammengefasst und fügen so der Wasserforschung eine neue Facette hinzu. Die sieben Geheimnisse sind:

1 Wasser hat verschiedene »Gesichter«. Das Tropfenbild als Spiegel – Was sehen wir, was können wir erwarten?
2 Was in Wasser eingetaucht wird, bildet sich ab. Bilder zu Steinen, Pflanzen und der Zeit.
3 Wasser und elektromagnetische Wellen. Mobilfunkstrahlung, Röntgen – Wir nehmen wahr, wo keine Sinne sind.
4 Wasser »hört« Musik und Ultraschall. Auch mechanische Wellen hinterlassen Eindrücke.
5 Wasser kommuniziert. Die »Wassersuppe« – Keiner ist mehr allein.
6 Wasser und Mensch. Sensible Reaktionen – Spiegelung, sag mir, was ich bin.
7 Wasser – Übertragungen der dritten Art?

Resümee: Aus der ersten Idee, mit Hilfe von Wasser die Wirkung von Elektromagnetismus auf den menschlichen Körper zu zeigen und dem daraus resultierenden Schluss, dieser Hypothese nachzugehen, wurden zwanzig Jahre intensive Wasserforschung. Und unser Abenteuer geht gewiss noch weiter …

VOM GEDÄCHTNIS DES WASSERS – DIE VISION

Beginnen wir mit einem Gedankenexperiment. Lassen Sie sich bitte einfach vorbehaltlos auf folgende Vorstellungen ein und stellen Sie sich folgende Fragen – diese haben wir uns damals auch als Thesen gestellt:
Was wäre, wenn ...

- ... das Wasser ein Gedächtnis hätte?
  Dann könnte unser Wasser im Körper unsere Körperteile mit Informationen versorgen und zur Körpersteuerung und zur Gesundheit beitragen.
  Und Flüsse und Meere wären dann nicht mehr trennende, sondern verbindende Einheiten und als ein großer Datenspeicher anzusehen.

- ... das Wasser miteinander kommunizieren würde?
  Flüsse, Seen, Menschen und Pflanzen würden Informationen austauschen, sie wären ein großes Konzert des Lebens und wüssten voneinander. Eine Gruppe von Menschen oder ein Garten wäre eine Lebensgemeinschaft, in der jeder zum Gedeihen oder Verderben beitrüge.

- ... das Wasser Gedankenformen enthielte, die auf Materie strukturbildend wirken?
  Wasser wäre dann ein dynamischer, sich ständig verändernder Bauplan für unsere Welt, und Gedanken wären der Baustoff – und ein Medium für unsere Gesundheit und die Gesundheit der Welt.

Lohnt es sich, diesen und anderen solcher Gedanken nachzugehen? Wir denken schon.

Stellen Sie sich vor, Sie als Individuum könnten sich im Wasser spiegeln. Das ist nicht schwer vorzustellen, wenn Sie daran denken, dass Sie sich in Wasser außerhalb von Ihnen selbst spiegeln, beispielsweise in dem Wasser eines Sees. Sie sehen Ihr äußeres Spiegelbild wirklichkeitsgetreu oder verzerrt, je nachdem, ob sich das Wasser des Sees bewegt. Wenn nun aber das Wasser, das Sie in Ihrem Körper haben, in seiner Strukturbildung Ihre ganz persönliche Persönlichkeitsstruktur abbilden könnte, sozusagen als inneres Spiegelbild Ihres Wesens, dann ergäben sich für die Gestaltung des Lebens ganz andere Möglichkeiten, da Sie als Individuum aktiv auf das Leben einwirken könnten. Dann auf einmal würden sich philosophische und soziale sowie spirituelle Betrachtungsweisen zu unserem Nutzen zu einem neuen Ganzen miteinander verbinden. Alte, bislang als »spookig« betrachtete, fernöstliche und westliche Heilungsmethoden erschienen in einem ganz anderen Licht und erhielten eine physikalische Grundlage. Dies wäre ein neuer Schritt zum Verständnis von Mensch, Geist und Materie.

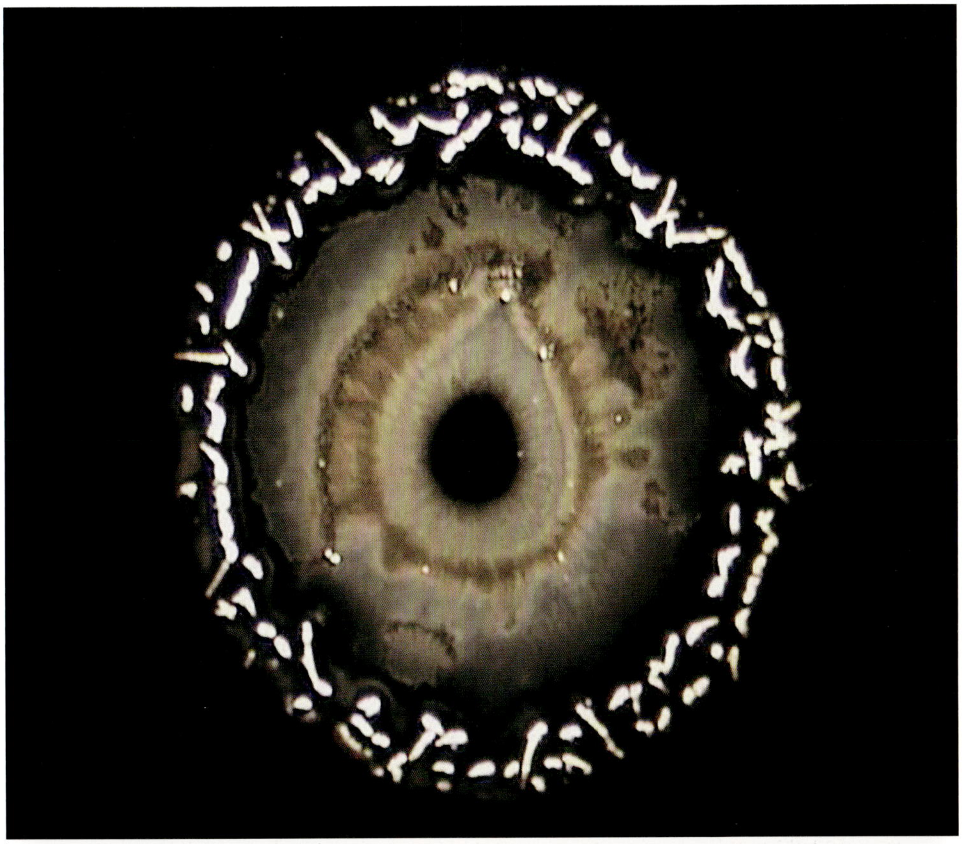

Seewasser aus einem Bergbauteich.

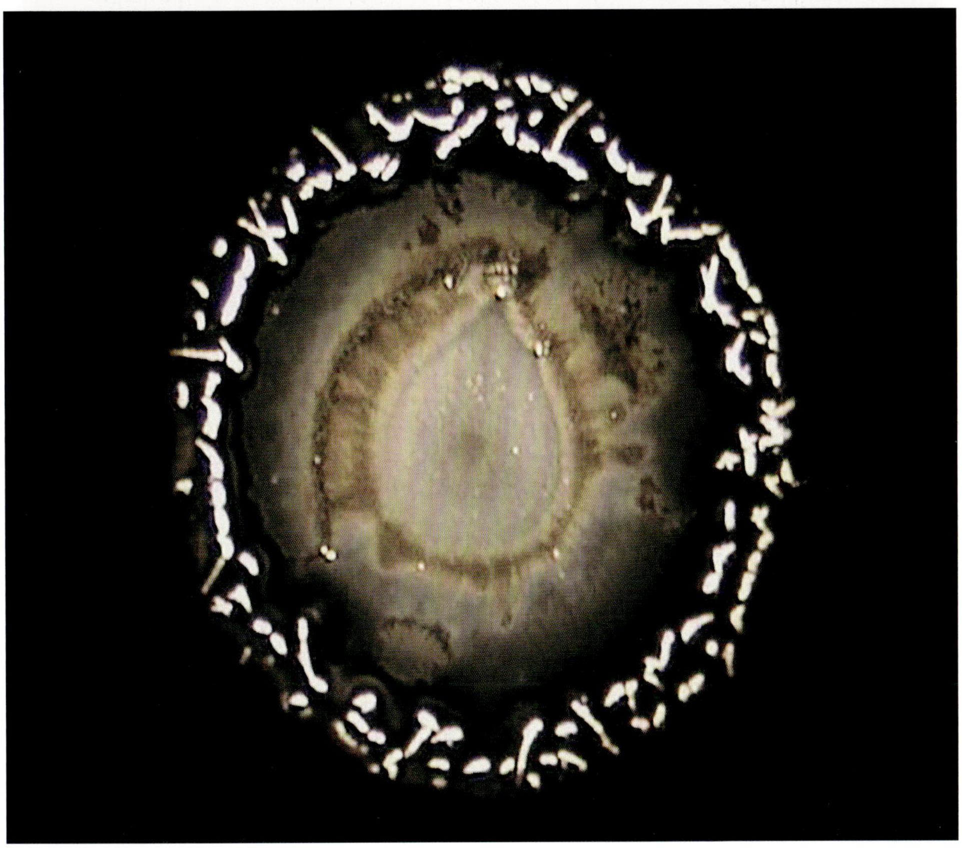

Seewasser, Detail.

EXKURS: WAS FORSCHER ÜBER DAS GEDÄCHTNIS DES WASSERS DENKEN

Seit unsere Forschung in den letzten Jahren auch international bekannter geworden ist, bekommen wir häufig Post von Interessierten, die uns ihre Erklärungsversuche für unsere Forschungsresultate senden. Ebenso verfolgen wir natürlich die zahlreichen Entwicklungen und zum Teil heftig geführten Diskussionen zum Thema »Gedächtnis des Wassers« in der Welt. Hier einige ausgewählte Erklärungen sowie Positionen von Forschern:

Aus der Physik: Alles, was wir in unserer »Welt-im-Tropfen-Forschung« entdeckt hätten, seien nur »Objektträgerverschmutzungen«. Diese Erklärung wird besonders gerne von wissenschaftlich vorgebildeten Kritikern verwendet, um die Bildstrukturen in den Tropfen zu erklären. – Wir stimmen dem nicht zu, da es wohl kaum gelingen kann, die Objektträger in derart strukturierter Form und Anzahl zu verschmutzen.

Aus der Geologie: Ein »remanenter Magnetismus« (Restmagnetismus) wird als Erklärung genannt, der zu den Strukturierungen in den Tropfen geführt haben soll. – Bedingt, sagen wir: Dieser kann sicher zur Orientierung von Partikeln in einem vorhandenen Magnetfeld beitragen, würde aber wohl kaum diese zentrischen Bildstrukturen erzeugen können, die wir immer wieder beobachtet haben. Zumal sich diese zentrischen Strukturen in den Tropfen auch innerhalb eines Faradaykäfigs abbilden, in dem die magnetische Strahlung ausgeschlossen wird (siehe später in diesem Buch).

Jacques Benveniste war ein französischer Mediziner, der 1984 als Direktor der Forschungsabteilung am Institut national des la santé et de la recherche médicale (INSERM) berufen wurde. Er forschte unter anderem am Gedächtniseffekt des Wassers. Seiner Meinung nach konnten stark verdünnte Antigene über den Gedächtniseffekt des Wassers weiße Blutzellen beeinflussen. Seine These wurde in einem Artikel im Magazin »Nature« veröffentlicht. Doch es war zu Lebzeiten von Benveniste nicht gelungen, seine Ergebnisse zu wiederholen, was zu einem jahrelangen Wissenschaftsstreit führte. Benveniste und seine Forschung ist uns bekannt, inzwischen arbeiten einige Wissenschaftler an seiner wissenschaftlichen Rehabilitation.

Aus unserer heutigen Sicht ist es nicht verwunderlich, dass Benvenistes sensible Versuche damals nicht mit demselben Ergebnis wiederholt werden konnten, da man auch die subtilen Versuchsbedingungen nicht wiederherstellen konnte. Diese tragen aber zur Reproduzierbarkeit bei. Bei unseren Versuchen dokumentieren wir dasselbe Wasser, zur selben Zeit, am selben Ort, von derselben Person auf einen Objektträger aufgetropft, was eine gewisse Vergleichbarkeit der Ergebnisse ermöglicht.

Der Wiederholbarkeit im Weg steht auch, dass es viele nicht so einfach auszuschließende Ereignisse in der Wasserforschung gibt, die das Versuchsergebnis beeinflussen können: Dazu gehört beispielsweise auch möglicher emotionaler Stress des Experimentators, was wir später näher betrachten werden.

Masaru Emoto war ein japanischer Forscher, der festgestellt hatte, dass Eis, beim Auftauen unter dem Mikroskop fotografiert, wunderschöne Kristallbilder liefert. Er beobachtete dabei, dass die Kristallformen auf sensible Einflüsse wie Besprechen reagierten und er sozusagen mit dem Wasser »sprechen« konnte. Seine Fotos veröffentlichte er zunächst im Eigenverlag in einem Buch, das nach und nach auf ein überwältigendes Interesse stieß, da die Leser darin ihre emotionale Resonanz fanden. Emoto selbst sagte von seiner Forschung, dass er nur seine Beobachtungen veröffentlicht habe und keinen wissenschaftlichen Anspruch erhebe. Er zeigt auch keine Reproduzierbarkeit in seinen Versuchen, aber eine tiefgehende Systematik der Gefühle und des Herzens, die er aus den Bildern herleitet. Für ihn ist Wasser der Stoff, aus dem der Mensch gemacht ist. Masaru Emoto hat uns 1996 am Institut zu einem gemeinsamen Gespräch besucht, und wir planten eine Zusammenarbeit, zu der es aber leider nie gekommen ist.

Luc Montagnier ist der Entdecker des HI-Virus und bekam dafür den Nobelpreis. Inzwischen arbeitet er an einer Theorie über das Gedächtnis des Wassers. Gemäß seiner Theorie verbleiben – ähnlich wie bei Benveniste – Informationen von Bakterien im Wasser zurück, auch wenn diese längst verschwunden sind. Dies führt er auf elektromagnetische Wellen zurück, die diese Bakterien aussenden oder ausgesendet haben und die im Wasser zurückbleiben und somit eine Art »Gedächtnis« darstellen. Luc Montagnier gibt an, dieses Verhalten des Wassers durch eigene Versuche bestätigt zu haben und forscht derzeit weiter an diesem Phänomen.

Bruce Lipton ist ein amerikanischer Biologe und Zellforscher. Er vertritt die Ansicht, dass das Leben der Zellen nicht vom Genom, sondern durch Kommunikation der Zellmembran mit der Außenwelt gesteuert wird. Hierbei spielt das zelluläre und das interzelluläre Wasser sowie die Zellmembran eine bedeutende Rolle. Seiner Meinung nach gibt es eine Verbindung zwischen dem Menschen und einem äußeren, intelligenten Informationsfeld, in dem Fernübertragungen möglich sind. Dabei bezieht er sich auf das Quantenfeld. Er spricht von einem individuellen Komplex, aus dem das Individuum intelligente Steuerungsinformationen bezieht.

FORSCHUNG UND TROPFENBILDMETHODE

Was wir selbst über das Gedächtnis des Wassers denken, entschlüsselten wir mit Hilfe der nachstehenden Versuchsmethode und ordneten es sieben Wassergeheimnissen zu. Dieses Buch enthält zahlreiche Fotos unserer Forschungsversuche, die im direkten und optischen Anschauen zeigen, wovon das Gedächtnis des Wassers berichtet. Wahrnehmung und Forschung beginnt bei uns über die Sichtbarkeit und die Augen, über das phänomenologische Betrachten. Offenbart wird eine Welt aus Geist und Materie, die viel inniger miteinander verbunden ist, als wir uns das vielleicht im Alltag erträumen lassen.

Die Versuchsmethode

Unser Vorgehen ist und war streng experimentell: Wir erkennen und fotografieren Phänomene. Diese gehen aller Erkenntnis voran und sind – nach Martin Wagenschein (deutscher Physiker und Pädagoge 1896–1988) – das sich selbst Zeigende, mit denen sich die Welt ohne äußeren Zwang offenbart. Dies ist unser Ausgangspunkt, und das bedeutet, dass die dazu vorgenommenen Versuche sensibel aufgebaut und ohne Angst, Zwang und Vorurteil angeschaut werden müssen. Wir hatten Physiker zu Gast in unserem Labor, die sich weigerten, durch das Mikroskop zu sehen, weil sie fürchteten, dass die Eindrücke, die sie dadurch bekämen, ihre bisherige Weltsicht hätten verändern können. Wissenschaft braucht also Mut, denn Neues zu entdecken, heißt oft, Altes und liebgewonnenes Bekanntes infrage zu stellen oder gar aufzugeben.

Neben der streng experimentellen Grundlage unterscheidet sich unsere Vorgehensweise von der üblichen Vorgehensweise der Wissenschaft durch eine angestrebte Ganzheitlichkeit. Wissenschaft sucht seit Descartes ihre Erkenntnis in der Weise, dass komplexe Verhältnisse in kleine, überschaubare Subteile zerlegt werden. Diese werden statt des komplexen Ganzen untersucht und führen zur Messung des Verhaltens, das durch einzelne Parameter wie beispielsweise Temperatur, Ströme, Spannungen usw. angegeben wird. Diese Methode ist sehr erfolgreich, wenn die Subteile überschaubare Interaktionen mit dem Ganzen haben; sie hat jedoch ihre Grenzen, wenn durch das Zerlegen und Zusammenfügen des zu Untersuchenden Veränderungen erfolgen, die nicht rückgängig gemacht werden können. Stellen Sie sich vor, Sie wollen das Leben einer Katze untersuchen und »zerlegen« diese, dann werden sie feststellen, dass vor dem rechtzeitigen Zusammenfügen das Leben verschwunden ist. Es gibt Dinge, die nicht teilbar sind, ohne dass dabei ihre Eigenschaften verloren gehen. Da sich im Augenblick auch in der Quantenphysik die Ansicht durchsetzt, dass wir es bei Geist und Materie mit einer Vielzahl von miteinander kommunizierenden Energiequanten zu tun haben, sind wir gut beraten, eine Methode für unsere Wasseruntersuchungen zu suchen, bei der die Ganzheitlichkeit möglichst wenig gestört wird.

Zum Dritten wollen wir eine Wirklichkeit erkennen und möglichst keiner Scheinvorstellung verfallen, die nur wir individuell für wahr halten, die also ein »Gerücht« ist. Hierzu ist es notwendig, die Untersuchungen experimentell zu wiederholen, denn nur, wenn bei einer Wiederholung unter gleichen Versuchsbedingungen dasselbe oder ein sehr ähnliches Ergebnis entsteht, können wir davon ausgehen, dass eine in den Versuch eingebrachte Ursache eine systematische Wirkung hervorbringt. Besteht diese Ursachen-Wirkungs-Relation, so sprechen wir von einer Wirklichkeit und gehen von der Existenz des Phänomens aus.

Resümee: Wir haben also eine Methode gesucht, die ein Phänomen ganzheitlich untersucht und hinsichtlich Ursache und Wirkung reproduzierbar ist sowie – wie sich später herausstellen wird – uns Aufschluss unter anderem darüber gibt, ob elektromagnetische oder andere Felder einen bleibenden Eindruck im Wasser hinterlassen.

Der Anfang unserer Suche

Bei unserer Suche nach einer geeigneten Methode schlossen wir schnell physikalische oder chemische Messungen aus, da hier nur einzelne Parameter zu messen gewesen wären, die wir nicht einmal kannten, und für deren unbekannte Eigenschaften wir keine Messmethode erahnten, geschweige denn die Messausrüstung besaßen.

Eines Tages ergab sich die Gelegenheit, eine Künstlerin, Ruth Kübler, in Stuttgart zu besuchen, die Wassertropfen nach dem Trocknen unter einem Dunkelfeldmikroskop fotografiert und wunderschöne Bilder aufgenommen hat. Sie nannte dies die »Bildersprache der Natur«.

So kamen wir darauf, als Versuchsmethode ein bildgebendes Verfahren zu verwenden, denn im Gegensatz zur Messung eines einzelnen Parameters besteht ein Bild aus vielen Bildpunkten, von denen jeder alle Farbinformationen enthält, und darüber hinaus durch die Relation zu anderen Punkten flächige Anordnungen abbilden kann, also eine viel größere Informationsmenge bereitstellt als eine Parametermessung, die ja nur den Verlauf einer einzigen Größe an einem Punkt wiederzugeben vermag. Hinzu kommt, dass bei der Bildmethode unsere Wahrnehmung in den Anordnungen von Bildpunkten eine Ordnung mit Symmetrien sowie eine Unordnung leicht erkennen kann.

Wenn Sie das Bild auf Seite 16 rechts ansehen, erkennen Sie im ersten Augenblick wahrscheinlich nur eine Punktewolke, die dann aber von Ihrem Gehirn schnell zu einem Bild eines schnüffelnden Dalmatinerhundes zusammengesetzt wird. Was ist die Wirklichkeit: die Punktwolke oder der Dalmatiner? Der Dalmatiner repräsentiert die Punkterelation in Verbindung mit Ihren Erfahrungen der Vergangenheit – und

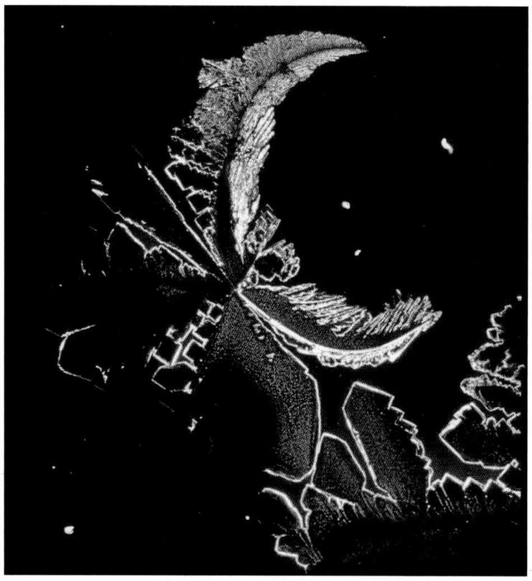

Formen im Wassertropfen.

Ein Dalmatiner oder ein Punktehaufen? Wie Bildpunkte ein Bild ergeben. (Foto R. C. James, aus: Lindsay/Norman, 1977).

kann nur von einem Experimentator erkannt werden, der zumindest Hunde, wenn nicht sogar Dalmatiner, kennt.

Die möglichst zwanglose Untersuchung von Strukturen im Wasser, die sonst nicht sichtbar und messbar sind, haben wir wie folgt realisiert: Aus einer Probe eines zu testenden Wassers wird mit einer Spritze Wasser entnommen und ein Tropfen auf einen Objektträger aufgebracht. Der Tropfen ist beliebig, da er erst beim Auftropfen aus der Spritze auf den Objektträger entsteht. Er wird dann der Verdunstung überlassen, und nach dem Trocknen wird das verbleibende Rückstandsbild vergrößert fotografiert. Die im flüssigen Tropfen eventuell vorhandenen molekularen Kräfte können nahezu reibungsfrei systematische Strukturen bilden, die zum gewissen Teil beim Trocknen auf der gläsernen Unterlage abgebildet werden und unter dem Mikroskop sichtbar sind. Wir haben somit im Tropfen durch die Oberflächenspannung quasi ein »Gefäß«, in dem solche Anordnungen ganzheitlich gebildet werden können.

Das Erstaunliche ist nun, dass die verschiedenen Tropfen einer Wassersorte auf einem Objektträger nicht etwa beliebig chaotische, sondern sehr ähnliche Bilder liefern, sodass man durchaus von einer Vergleichbarkeit sprechen kann. Der Grad der Ähnlichkeit wird damit zu einem Maß für die Reproduzierbarkeit (siehe Seite 17).

Die Tropfenbildmethode

Unsere Versuchsmethode besteht wie gesagt darin, von einer Menge zu untersuchendem Wasser mit einer sauberen Einwegspritze eine Probe zu entnehmen und auf einem staubfreien gläsernen Objektträger möglichst kleine Tropfen aufzutropfen. Auf den Objektträger passen zwei Reihen mit je etwa 7 Tropfen Probenwasser, wir verwenden für jeden Versuch eine neue Einwegspritze, einen neuen Glasobjektträger, beides immer von denselben Marken – seit Jahren. Die Tropfen haben etwa 2 Millimeter im Durchmesser. Mit etwas Übung finden 14 Tropfen auf einem gläsernen Objektträger nebeneinander Platz.

Tropfenvergleich.

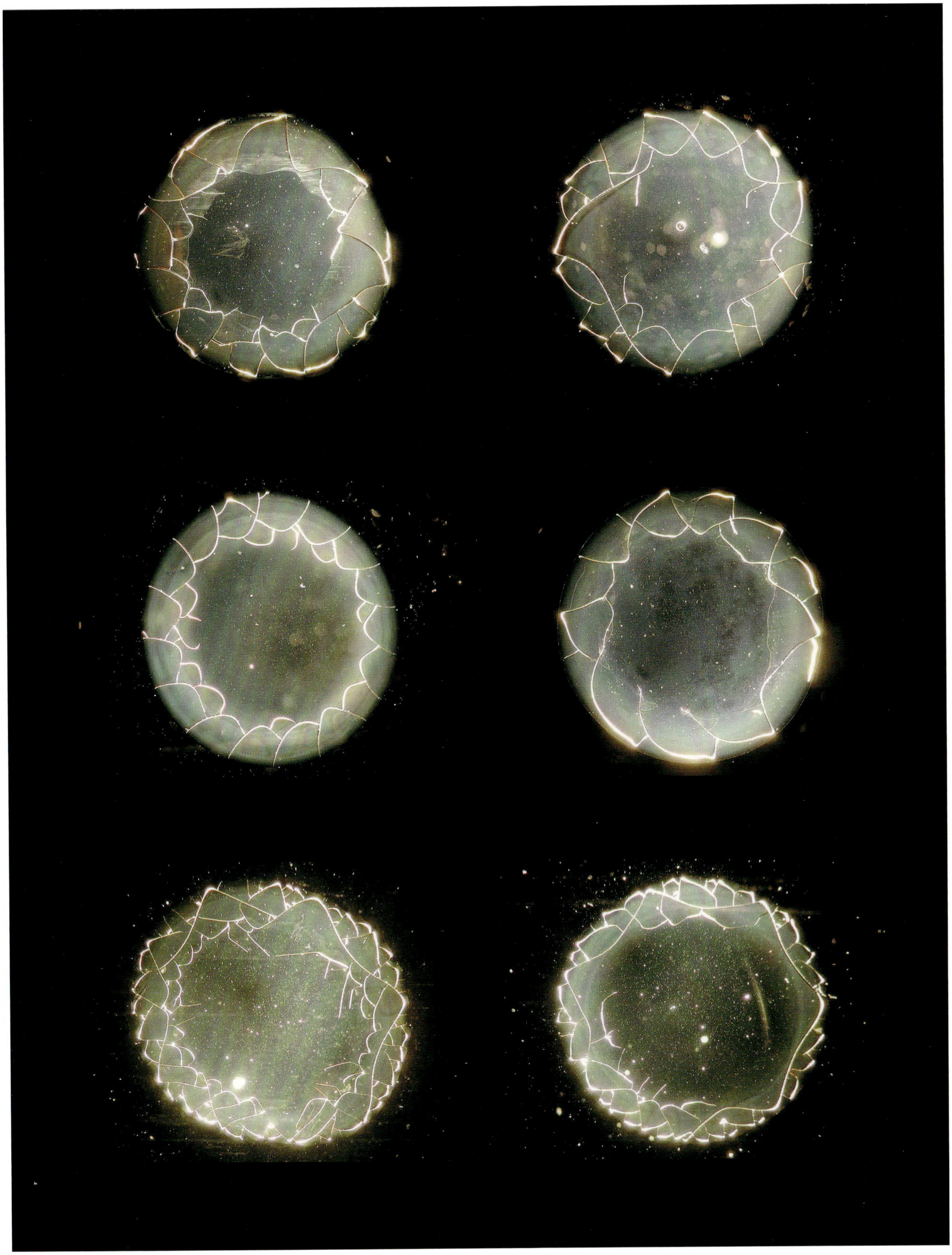

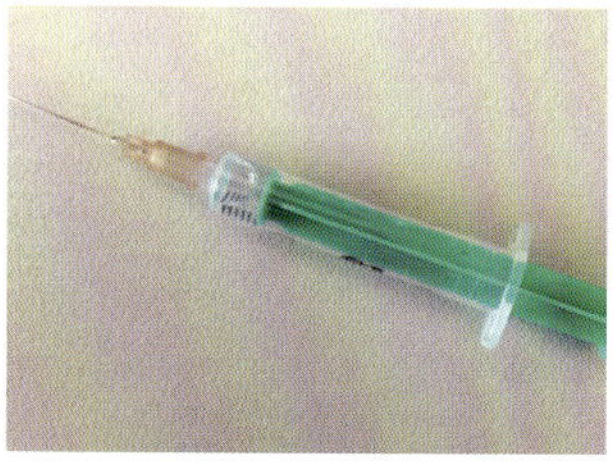

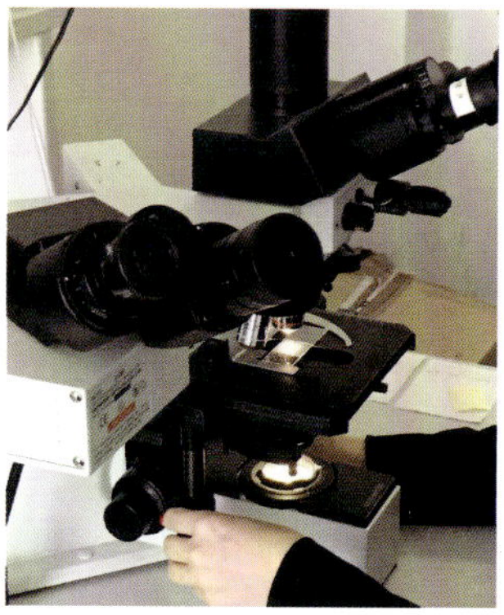

Einwegspritze.

Objektträger mit noch feuchten Tropfen.

Dunkelfeld-Mikroskop.

Die Reinigung des Objektträgers erfolgt durch leichtes Abwischen mit einem Reinigungspapier, um Fusseln zu entfernen, aber andererseits auch keine Wischspuren zu hinterlassen. Reinigungspapier mit Alkohol darf nicht verwendet werden.
Das Trocknen der Tropfen erfolgt in Raumluft und nimmt je nach Luftfeuchte des Raumes 5 bis 15 Minuten in Anspruch. Ein spezieller Reinraum oder besondere Apparaturen sind für die Versuche nicht notwendig.

Das verwendete Dunkelfeldmikroskop ist ein normales Lichtmikroskop mit einem Dunkelfeldaufsatz und einer Vergrößerung bis 400. Die meisten Bilder, die ganze Tropfen zeigen, sind mit Vergrößerungen um 40 aufgenommen. Der Dunkelfeldaufsatz bewirkt, dass lichtdurchlässige Objekte hell und der Hintergrund dunkel erscheinen. Dadurch können die durchsichtigen Tropfen auf dunklem Hintergrund sehr gut abgebildet werden.

Die Tropfen werden also unter einem handelsüblichen Dunkelfeldmikroskop bei Raumtemperatur betrachtet und fotografiert.

Das Foto links in der Mitte zeigt einen Objektträger mit noch feuchten Tropfen.
Die Tropfen bilden ihre Wölbung aufgrund der Oberflächenspannung aus.
Im Laufe des Trocknungsprozesses verliert sich diese und der Tropfen »verflacht«.

Ausrüstung für die Wassertropfenmikroskopie

Mikroskop
Olympus BX51TF bzw. B×50 mit Zubehör
Olympus Optical Co. (Europa) GmbH

Digitalkamera
Nikon Coolpix 995 Set
Mikroskopadapter Nikon MDC2

Einwegspritzen
z. B. Injekt 2 ml Einmalspritzen, 100 Sterican Durchmesser 0,45×12 mm, 26 G×½", Hersteller: B. Braun Melsungen AG

Objektträger
Fa. Assistant, Elka Objekträger 76×26 mm, unbekantet

Start eines Versuchs

Wir entnehmen von einem zu untersuchenden Wasser vorsichtig eine Probe mit einer sauberen Einwegspritze und betropfen einen gereinigten Objektträger mit besagten 14 gleich großen Tropfen. Diese lassen wir unter dem Dunkelfeldmikroskop trocknen und fotografieren die Tropfenbilder. Diese Bilder dienen jetzt als Referenz für den Versuch.

Im zweiten Schritt setzen wir das zuvor ausgesuchte Versuchswasser einer Einwirkung aus, zum Beispiel bestrahlen wir es elektromagnetisch oder behandeln es mit Ultraschall oder wir legen eine Pflanze in das Wasser ein. Nun wird das obige Versuchsvorgehen auf das Wasser mit der Einwirkung angewandt, sodass danach Tropfenbilder mit und ohne Einwirkung zur Verfügung stehen. Diese werden verglichen. Ein klassischer Vorher-Nachher-Vergleich. Die Veränderung der Anordnung stellt den Einfluss der Einwirkung da. Wir vergleichen also stets ein Vorher mit einem Nachher des Referenzwassers. Auf diese Weise können wir mit unserer Methode auch Alterungsversuche durchführen.

Das verwendete Wasser ist stets eine wässrige Lösung. Es ist nicht rein oder destilliert, sondern eher ein Wasser mit guter Bildungskraft für Strukturen, denn die Wässer unterscheiden sich in dieser Eigenschaft je nach Herkunft und Beimengungen.

Direkt nach dem Auftropfen sieht man im Tropfen oft heftige Bewegungen. Dies sind die Brownschen Bewegungen, die in manchen Tropfen zu regelrechten Wirbelvorgängen werden. Der Trocknungsprozess schreitet meist vom Rand des Tropfens zur Mitte fort, weil dort die Verdunstung am leichtesten beginnen kann. Manchmal ist der Trocknungsvorgang langsam, manchmal ruckartig und hinterlässt im Wesentlichen zentrische Trocknungsstrukturen. In Ausnahmen trocknet ein Tropfen auch mal von einer Seite zu einer anderen, also nicht zentrisch. Das haben wir insbesondere bei Essenzen beobachtet. Beim Trocknen kann man kristalline Phasen und sedimentatorische Phasen beobachten. Die Trocknungsphase ist jedoch nur der erste Teil der Beobachtung.

Vielmehr ist das verbleibende Bild auf dem Objektträger interessant, denn es hängt deutlich von der Sorte des Wassers und seinen entsprechenden Beimengungen wie Salzen, Mineralien, Kalk etc. ab, aber auch von der Art des Objektträgers und seiner Reinigung. Halten wir die den Versuch begleitenden Notwendigkeiten (Spritze, Kanüle, Objektträgerart, Raum, Platz, Temperatur etc.) weitgehend konstant, so bleibt immer noch der Einfluss des Experimentators. Diesen spannenden Einfluss des Experimentators haben wir in diesem Buch einige Male anhand von Beispielen erklärt, weil er entscheidend ist und mitbedacht werden muss. Welchen Stellenwert die genannten äußeren Einflüsse haben, liegt wesentlich an der Sorte des Wassers. Wir unterscheiden starke und sensible Wässer. Auch darauf gehen wir in späteren Kapiteln näher ein.

Trocknungsringe des Leitungswassers aus Polen (links) und Trocknungsringe von einem Wasser mit eingelegter Sukkulente (rechts).

Es wurde bewusst ein möglichst einfaches Versuchsumfeld gewählt, das dem alltäglichen Trocknungsprozess am nächsten kommt – ohne Reinraum und komplizierte und anfällige Methoden. Wir beobachten in unserer Arbeit vornehmlich die getrockneten Reste, die Bildstrukturen, die das Wasser hinterlässt. Dabei sind uns die chemischen Inhalte der trockenen Substanzen nicht so wichtig, sondern vielmehr ihre Anordnungen, die sie aufgrund der Eigenschaften des speziellen Wassers hinterlassen. Tropfen trocknen beispielsweise oft in Trocknungssprüngen, die dann nahezu kreisförmige Ringe hinterlassen (siehe Fotos oben).

Oft werden wir gefragt, warum wir nicht die getrockneten Rückstände vom Objektträger abkratzen und chemisch analysieren? Wir antworten dann: Uns kommt es auf die Anordnung und auf die Geometrie der Strukturen, also die immanente Ordnung an. Man zerlegt ein Buch ja auch nicht in Papier, Druckerschwärze, Pappdeckel und Lesebändchen, um Rückschlüsse auf den Inhalt zu gewinnen, sondern man liest die gedruckten Lettern.

Noch einmal: Unsere Versuchsanordnung und Betrachtungsweise ist eine phänomenologische Herangehensweise. Hierbei kommt es uns auf die verschiedenen entstehenden Bildstrukturen unter dem Dunkelfeldmikroskop an.

Die dafür verwendete Technologie der Dunkelfeldmikroskopie ist seit mehr als zweihundert Jahren bekannt. Vor einem dunklen Hintergrund können mit ihr auch durchsichtige Objekte kontrastreich fotografiert werden, was für uns in der Wasserforschung essenziell ist. Im Gegensatz zum Hellfeld-Mikroskop wird das zu beobachtende Objekt nicht direkt beleuchtet, sondern beispielsweise von der Seite, und die abgelenkten Lichtstrahlen des Objektes erzeugen das Bild. Lebende Organismen wie zum Beispiel eine Wasserschnecke oder eine Grünalge, die aus sehr viel Wasser bestehen, lassen sich sehr gut beobachten, ohne sie etwa durch Einfärbung mit einem Farbstoff (Eosin) sichtbar machen zu müssen. Heilpraktiker setzen die Dunkelfeldmikroskopie zur Vital-Blutuntersuchung nach Prof. Dr. Günther Enderlein (1872–1968) ein, um Krankheiten über das Blutbild zu diagnostizieren.

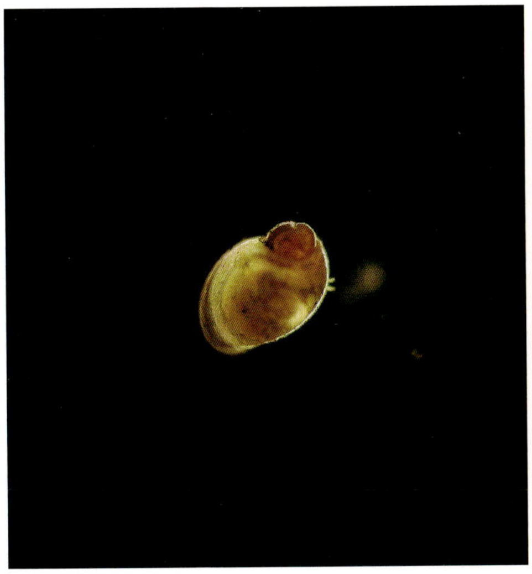 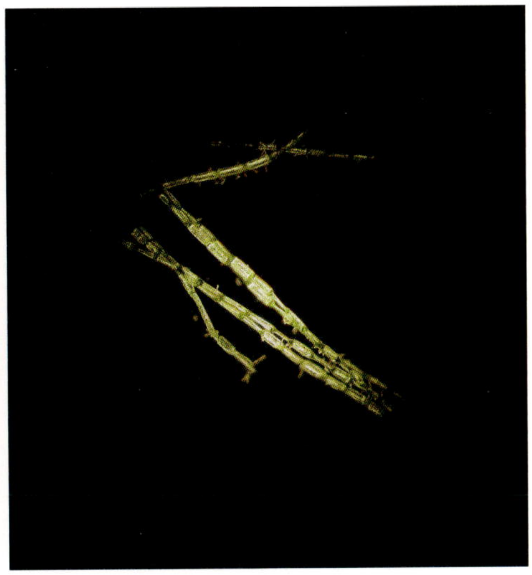

Wasserschnecke (links), Wurzel der Wasserhyazinthe mit Grünalgen (rechts).

Bei unseren Tropfenversuchen betrachten und dokumentieren wir also, was nach dem Trocknen auf dem gläsernen Objektträger zurückbleibt. Interessanterweise entstehen individuelle Bilder je nach Wasserart. Und diese Bilder fotografieren wir und nehmen sie bei besonders interessanten Trocknungsvorgängen eventuell auch mit einer Videokamera auf.

Wichtig sind bei diesen Versuchen Ruhe und Gelassenheit, denn das Wasser reagiert sensibel auf äußere Einflüsse. Dazu gehören zum Beispiel Handystrahlung und Musik, aber auch emotionaler Stress des Experimentators. Schaltet man diese »Störfaktoren« innerhalb einer Versuchsreihe aus beziehungsweise bindet sie bewusst als Untersuchungsparameter ein, dann sind die Bilder zur selben Zeit am selben Ort von derselben Person aufgetropft, vergleichbar. Dies ist die Voraussetzung, um die Wassersorten voneinander unterscheiden zu können.

Die Bilder auf Seite 22/23 zeigen sukzessiv trocknende Tropfen verschiedener Wassersorten. Man sieht, wie das Trocknungsbild von außen nach innen fortschreitet.

Resümee: Die Methode des Tropfenbildes erfüllt die gewünschten Anforderungen: Sie ist experimentell, führt zu wiederholbaren Ergebnissen mit ähnlichen Resultaten, zerstört nicht die Ganzheit des Phänomens durch Zerteilen und erlaubt eine Auswertung über Bildänderungen, also Änderung der Abstände und Wege auf dem Bild. Zusätzlich vermittelt sie einen unmittelbaren Eindruck von Ordnungsgrad und Struktur durch einen Vorher-Nachher-Vergleich. Und sie braucht keinen Reinraum und komplizierte Methoden und Messverfahren.

Essenz Ruda, eine Heilessenz aus Südamerika.

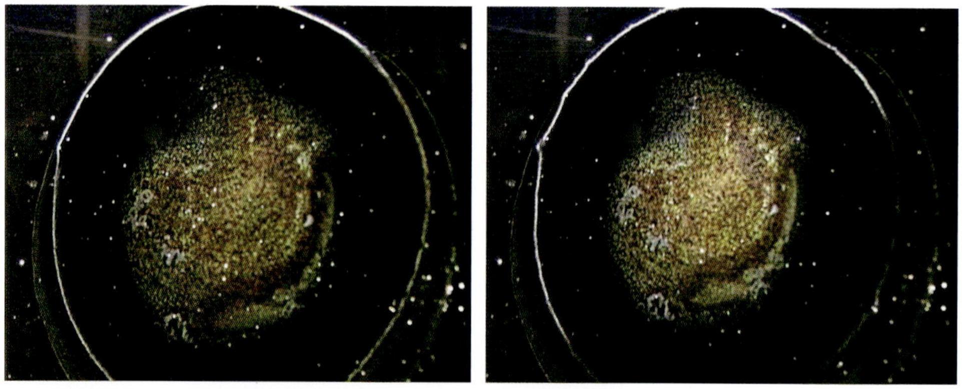

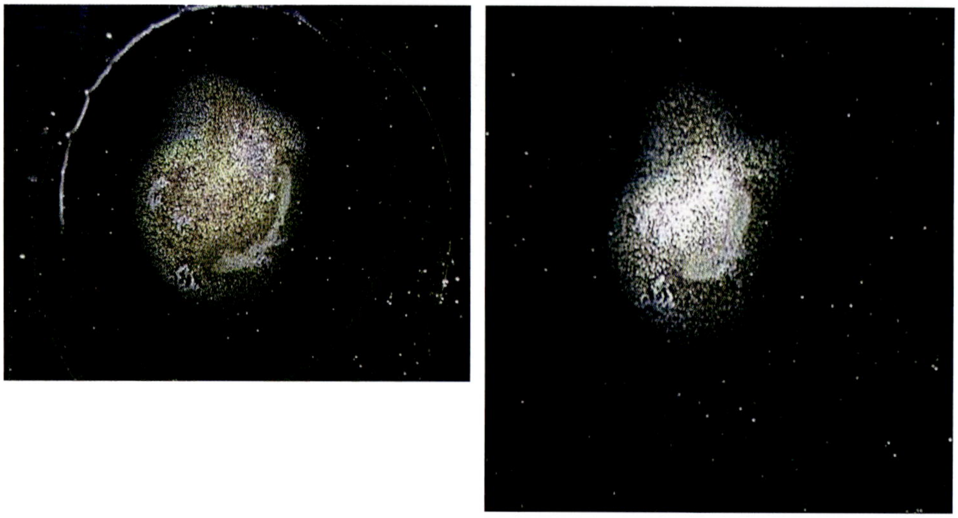

Essenz Estrella de Matacoto, eine Heilessenz aus Südamerika.

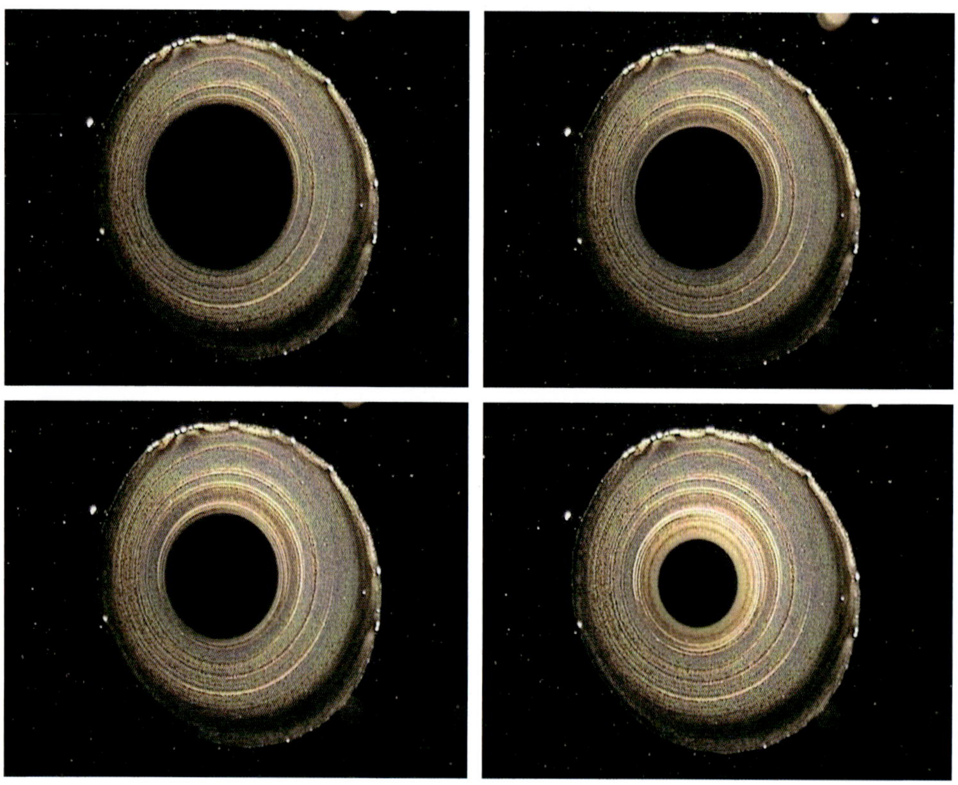

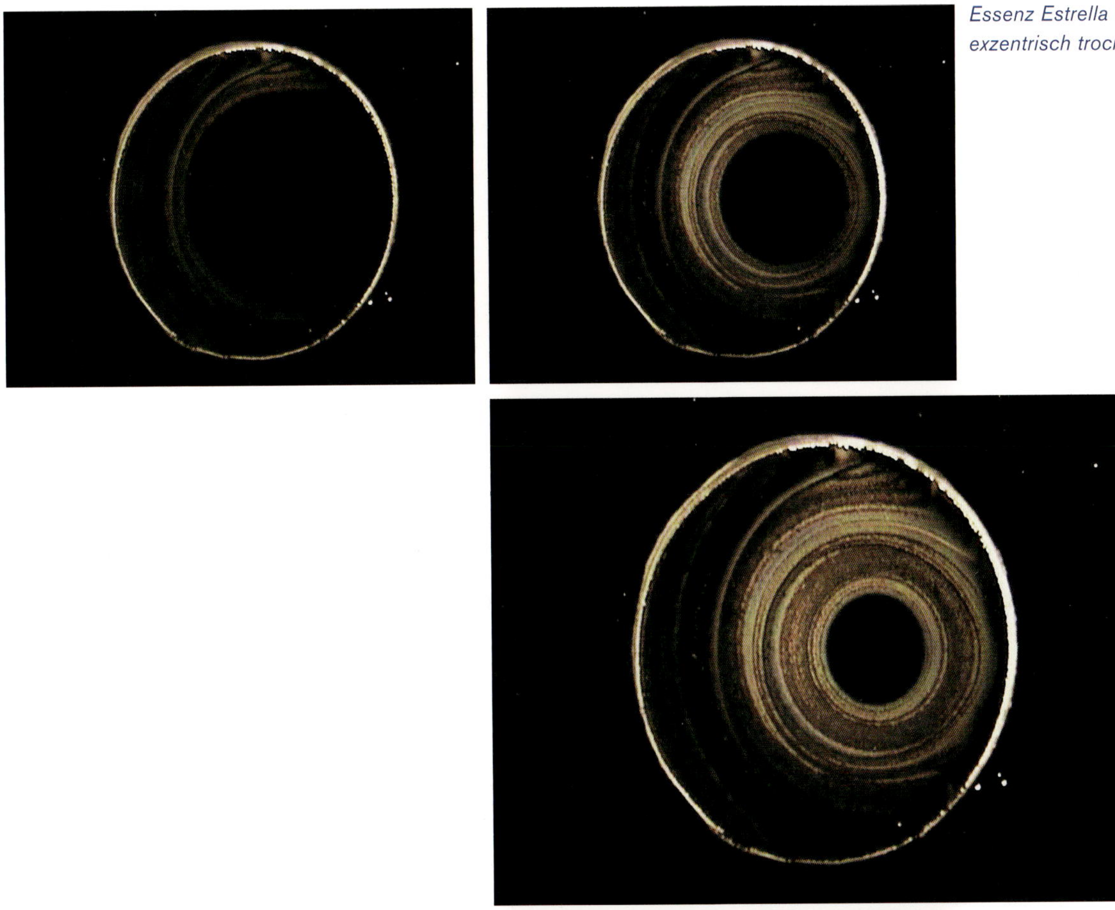

Essenz Estrella de Matacoto, exzentrisch trocknend.

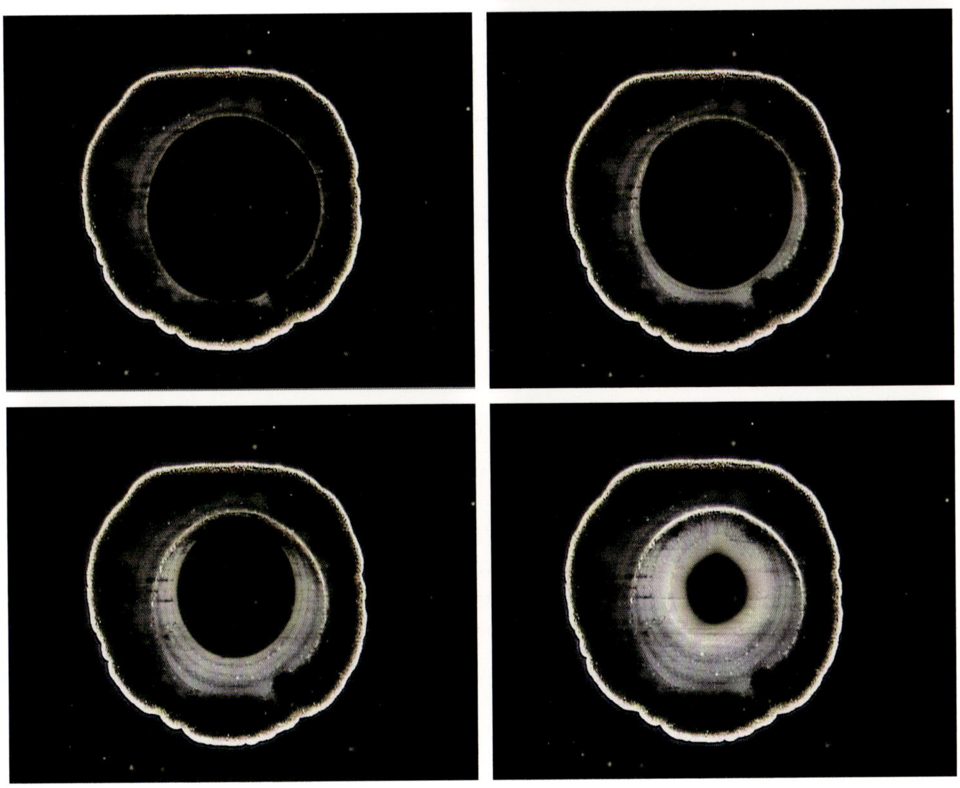

Leitungswasser.

Mate-Tee beim Trocknen.

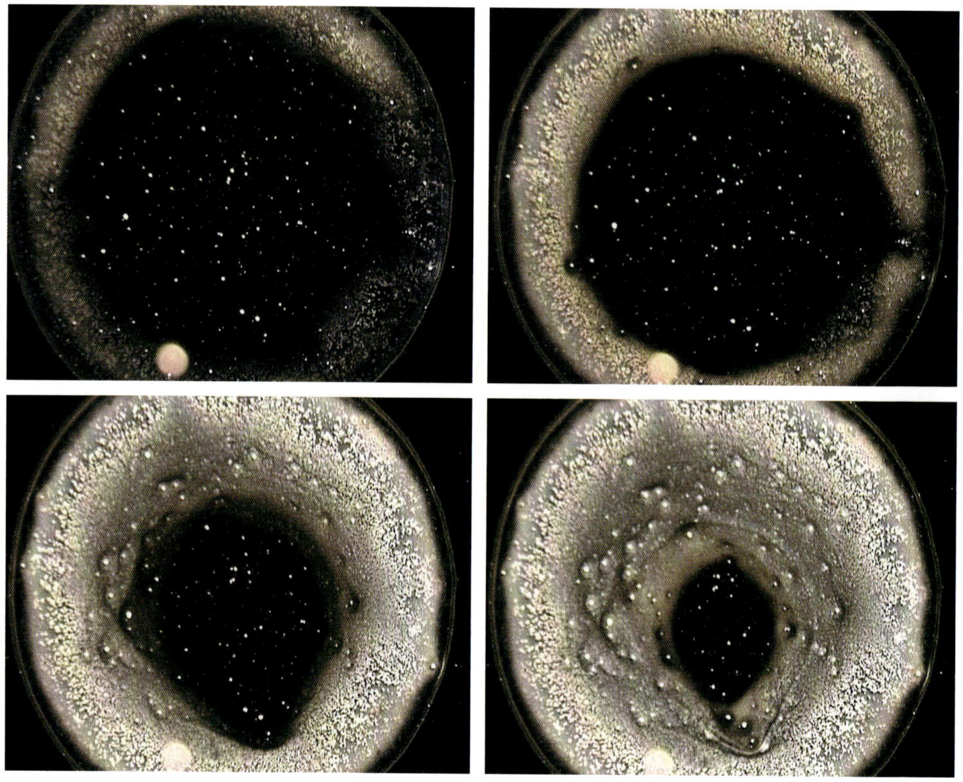

EIN KURZER ABRISS ÜBER DAS PHÄNOMENALE ELEMENT WASSER

Wenn Sie sich vorstellen, Sie beamen sich irgendwo aus dem Weltall oder aus dem Kosmos in unsere Galaxis wie ein Außerirdischer und würden auf die Erde zufliegen, dann würden Sie zunächst einmal einen blauen Planeten sehen. Und dieser blaue Planet ist so wundervoll blau, weil er zu zwei Dritteln (71 Prozent) mit Wasser bedeckt ist. Wasser ist die häufigste chemische Verbindung auf der Erde, sie ist in Form von Wasserdampf bis zu 4 Prozent in der Atmosphäre enthalten.

Dieses Wasser ist kein ganz normaler Stoff, sondern ein außergewöhnliches Element. Wasser verhält sich nicht so, wie man es eigentlich im Kanon aller Stoffe der Welt von diesem Element erwarten würde. Das Wasser ist viel mehr als die Zusammensetzung aus zwei Wasserstoffatomen und einem Sauerstoffatom (H_2O). Durch seine über vierzig Anomalien ermöglicht es das Leben auf der Erde. Dazu zählt das Dichtemaximum des Wassers bei +4 °C. Bei 4 °C vermutet man auch das Maximum der »Clusterbildung« zwischen den Wassermolekülen. Die Dichte von Eis ist um fast 10 Prozent geringer als die Dichte des flüssigen Wassers bei 0 °C. Wasser zieht sich beim Abkühlen nicht zusammen, sondern es dehnt sich wieder aus und wird somit leichter. Diese kleine simple Anomalie hat zur Folge, dass die Eisberge auf der Wasseroberfläche schwimmen und der See nicht von unten beginnt zuzufrieren. Stellen Sie sich vor, unsere Seen würden von unten gefrieren! Wenn es am Meeres- oder Seegrund immer unwirtlich kalt oder zugeeist wäre, könnten keine Fische und andere Lebewesen überleben. Auch wir hätten nicht aus dem Wasser kommen können, unsere ganze Erde wäre völlig

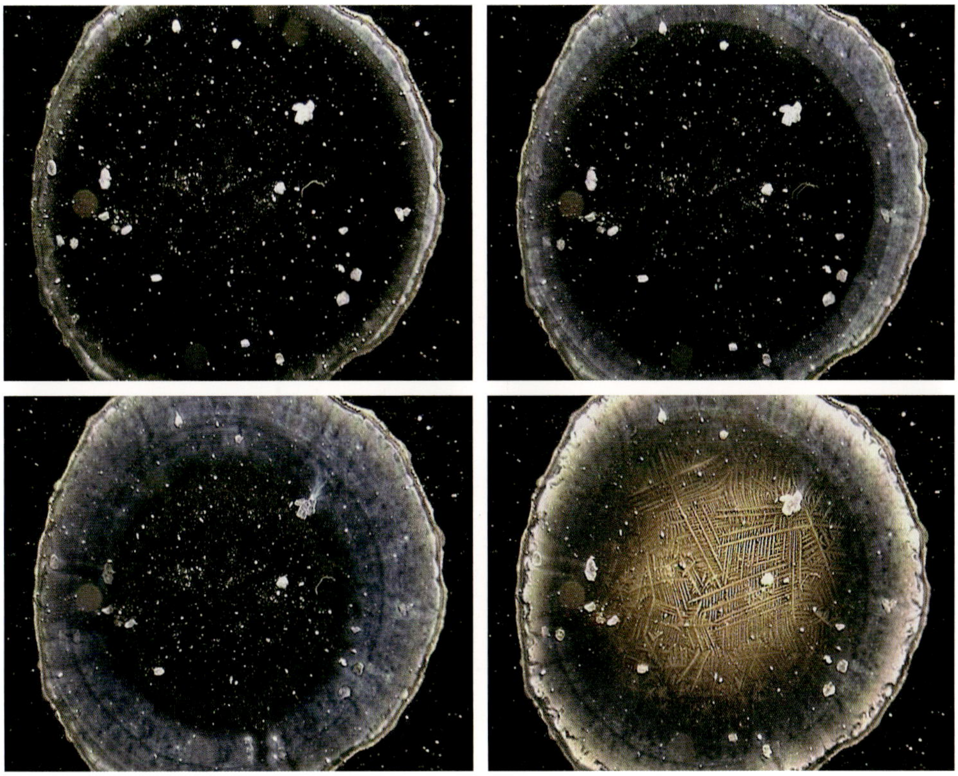

Speichel beim Trocknungsvorgang.

anders gestaltet. Unsere Welt, in der wir leben, wird durch eine kleine Wasseranomalie ermöglicht.

Wenn die Wärmekapazität des Wassers nicht so ungewöhnlich groß wäre, würde jeden Tag das Wasser der Meere in die Atmosphäre verdunsten, dort herumschwirren und abends wieder hinunterfallen. Wasser hat auch eine hohe Oberflächenspannung und eine ungewöhnlich hohe Löslichkeit für andere Stoffe. In ihm lassen sich viele organische und anorganische Stoffe lösen. Dies ist für das Leben auf der Erde wichtig: Das Wasser ist Ausgangsprodukt der Photosynthese, es lässt die Lösung und den Transport von Nährstoffen und Gasen zu und dient der Aufrechterhaltung des osmotischen Drucks in den Zellen. Heute spricht man von einer »vierten Phase des Wassers«, in der sich das Wasser an Wandungen anlegt und dabei die Viskosität verändert, eine Grundlage für die Zellfunktion und die Aufrechterhaltung des Blutflusses in den Adern (Pollack 2014).

Wasser ist gasförmig als Dampf und Nebel der Luft sehr ähnlich, und gefroren vermag es den härtesten Stein auseinanderzubrechen. Das sind Tatsachen, die uns einen Einblick in die Natur unserer Welt geben und auf die wir je nach Mentalität mit Wundern, Erstaunen oder mit Phlegma reagieren.

Nun zum Lebendigen: Der Mensch besteht etwa zu 70 Prozent aus Wasser: Unser Blut besteht zu rund 80 Prozent aus Wasser, die Muskeln zu etwa 75 Prozent und die Knochen zu 25–30 Prozent. Die Körpersubstanz der meisten Organismen (Pflanzen, Tiere, Mensch, Amöben usw.) besteht zu 60–70 Prozent aus Wasser. In unseren Untersu-

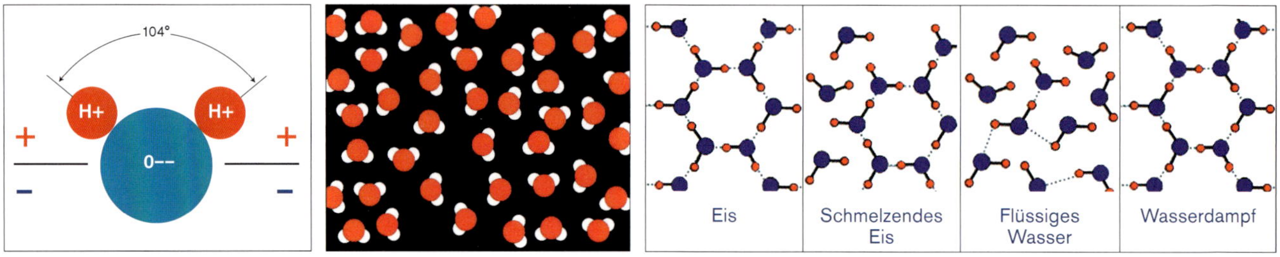

Molekülmodelle des Wassers.

chungen betrachten wir nicht nur H_2O, sondern auch die Körperwässer Speichel, Blut, Urin und Tränen. Über den Tag gibt ein Mensch mehrere Liter Wasser ab, zum Beispiel als Schweiß, Tränen oder Urin. Vor seiner Geburt liegt der Mensch als Embryo im Fruchtwasser.

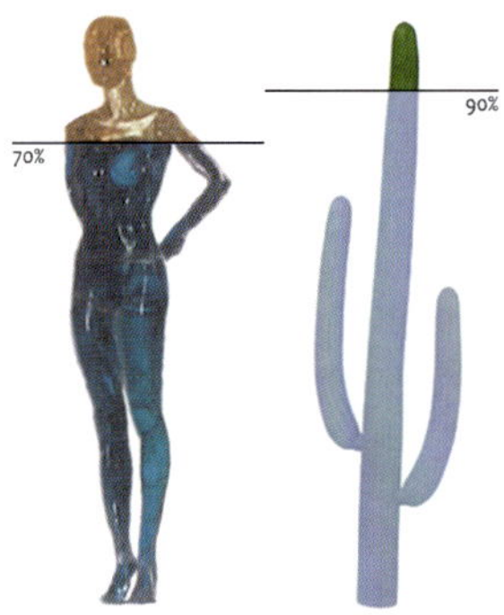

Wasser – Grundlage der Lebewesen.

Der Wassergehalt einer Pflanze liegt im Allgemeinen über 70 Prozent: Grüne Wiesenpflanzen bestehen zu 70–80 Prozent ihres Gewichts aus Wasser, Gurken zu 96 Prozent, Kopfsalat zu 95 Prozent, Kakteen zu über 95 Prozent. Eine Sonnenblume dunstet an einem klaren, sonnigen Tag etwa 1 Liter Wasser aus, eine Birke mit circa 200 000 Blättern 60–70 Liter.

Und: Wasser ist ein elektrisch polarer Stoff. Wasser wird aus einem Sauerstoff- und zwei Wasserstoffatomen gebildet, die einen Winkel von 104 Grad bilden (Abbildungen oben). Zwischen den Molekülen (schwarz) bilden sich Wasserstoffbrücken infolge der elektrischen Unausgeglichenheit der Molekülhülle (Polarität des Moleküls, sogenannter Dipol). Durch diese Wasserstoffbrücken werden je nach Aggregatzustand verschieden große Wasserclusterkonstruktionen gebildet, die sich aber nach neueren Erkenntnissen im Nanosekundenbereich bewegen und verändern. Sie bilden also ständig neue Konfigurationen.

Es heißt, die Polarität des Wassermoleküls sei verantwortlich für die Informationsspeicherung – im Gegensatz zum unpolaren Öl, das keine Informationen speichern kann (Lipton 2014). Unsere Untersuchungen beschäftigen sich jedoch nicht mit Theorien zur Bildung von Wasserstoffbrücken als Erklärung des Gedächtnisses des Wassers. Für uns ist eher phänomenologisch erstaunlich, dass sich trotz der im Tropfen sichtbaren Brownschen Bewegungen wiederholbar dieselben Bildstrukturen ergeben. Hier ergibt sich ein Gebiet, das noch der Erforschung bedarf.

Resümee: Wasser ist ein sehr außergewöhnlicher Stoff, der durch seine physikalischen Anomalien eine besondere Stellung zum Lebendigen hat. Ohne Wasser gäbe es unser Leben nicht – und dies ist Grund genug, nach dem zu fragen, welche Bedeutung das Wasser in uns und um uns herum hat.

VOM GEDÄCHTNIS

»Gedächtnis ist die Fähigkeit, sich Inhalte unwillkürlich oder durch bewusstes Lernen zu merken und zeitweilig zu behalten, und damit die Grundlage der Erinnerung. Die Fähigkeit zu kurzfristigem Behalten vereinzelter Daten heißt Merkfähigkeit.«
(Aus: dtv-Lexikon, 1971, Band 7, S. 138)

Das Gedächtnis hat die Fähigkeit, sich etwas zu merken, sich zu erinnern. Was wären wir ohne diese Fähigkeit? Das Gedächtnis bezieht sich auf in uns gespeicherte Bilder oder Situationen. Es ist nie vollständig, sondern immer mehr oder weniger verschwommen oder lückenhaft. Es wird genauer, wenn wir uns Assoziationen zum Gedächtnisgegenstand bedienen und uns konzentrieren. Das Gedächtnis bildet den inneren Spiegel der äußeren Welt.

Es wird aufgebaut, indem wir die Sinneseindrücke der äußeren Welt in uns speichern, und wächst daher mit der Fülle der Eindrücke. Dabei wird nicht nur der Gegenstand, sondern auch der Kontext abgespeichert, in dem man den Gegenstand oder die Situation erlebt hat. Dies ermöglicht uns, später aufgenommene Sinneseindrücke mit dem Gedächtnisbild zu vergleichen und diese einschließlich ihres Kontextes wiederzuerkennen und uns somit in der Welt zu orientieren, also zu erkennen, wo wir stehen. Zum Gedächtnisbild gehören auch Namen. Dies wird deutlich, wenn wir, hauptsächlich im fortgeschrittenen Alter, den Begriff zwar vor dem inneren Auge haben, uns aber das Wort nicht einfällt. Es ist irgendwo, aber es »fällt nicht ein«, wir können es im Gedächtnis nicht finden.

Wenn das Gedächtnis schwächer wird, was die Amerikaner als »fading memory« bezeichnen, dann fällt auch die Orientierung schwerer. Hätten wir kein Gedächtnis, so könnte unser Bewusstsein nicht mit Kontext gefüllt werden, und wir hätten keine Position in der Welt, in Zeit und Raum. In der Zeit gäbe es kein vorher und nachher und im Raum gäbe es kein oben und unten. Unsere Position als Mensch zwischen Himmel und Erde und im Hier und Jetzt zwischen gestern und morgen wäre also verloren. Somit ist das Gedächtnis die Schlüsselgröße für unsere individuelle Identität. Das Gedächtnis ist die Grundlage des Bewusstseins, auf der alle Einordnungen und alltägliche wie sonntägliche Welterklärungen stattfinden.

Und das Gedächtnis hat noch eine wesentliche Eigenschaft: Es speichert keine Energie oder Materie, sondern Informationen, und diese als Wissen. Anders als bei Energie oder Materie können wir unser Wissen beliebig weitergeben. Es wird dadurch nicht weniger, sondern das Wissen in der Welt wird mehr.

Merkfähigkeit

Die einfachste Form des Gedächtnisses nennt man »Merkfähigkeit«. Ein Mensch kann sich etwas merken, aber das kann auch ein Computer oder sogar ein materieller Stoff. Das, was gemerkt wird, wird durch eine bleibende Veränderung ausgedrückt, die wiedererkannt werden kann. Diese Veränderung kann durch eine reversible Veränderung, wie zum Beispiel eine Ladungsveränderung im Hauptspeicher eines Computers bei der Datenspeicherung, stattfinden; oder durch eine bleibende Strukturveränderung, wie in einem Material, das plastisch wird, oder durch eine Veränderung der Anordnung von Teilchen, die dann als Bild oder Hologramm erkannt wird.

Zugkräfte.

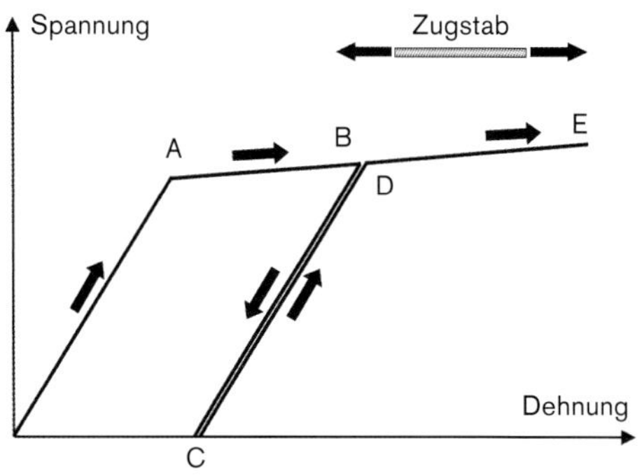

Bei einer Speicherung durch Ladungsveränderung wie im Computer kann die gespeicherte Information rückstandsfrei wieder gelöscht und mit einer anderen überschrieben werden. Dies geht bei einer Strukturveränderung nicht. Zieht man zum Beispiel einen metallischen Draht auseinander (siehe Abbildung oben), bildet dieser ab einer bestimmten Spannung eine plastische Zone aus (A), in der sich sogenannte Versetzungen ausbilden und die molekulare Struktur bleibend verändert ist. Bei Weiterbelastung ist seine Steifigkeit vermindert (A–B), man nennt dies Verfestigung. Wird der Draht danach entlastet, so verhält er sich während der Entlastung elastisch (B–C), auch noch bei der Wiederbelastung (C–D), bis er die Plastizitätsspannung (Fließspannung) (D) wieder erreicht hat. Bei Weiterbelastung »erinnert« sich der Draht (D), dass er bei dieser Spannung schon plastisch war und reagiert auf die weitere Belastung mit verminderter Steifigkeit (D–E). Das Spiel von Entlastung und Wiederbelastung lässt sich oft wiederholen, bis der Draht bricht, und jedes Mal, wenn die Plastizitätsgrenze erreicht ist, »erinnert« sich der Draht und reagiert mit einem geänderten Dehnungsverhalten, der verminderten Steifigkeit.

Je nach Material gibt es auch erheblich komplexere Phänomene bei sogenannten »Materialien mit Gedächtnis«. Etwas plakativ könnte man hierzu auch sagen: Wenn ein Auto eine Beule hat, dann ist das Material bleibend plastisch verändert worden, und das Ausbeulen ist schwieriger, als es das Einbeulen war, da im Bereich der Beule das Material bleibend verfestigt ist. Die Beule ist sozusagen eine bleibende Erinnerung an den Unfall.

Die dritte Art, sich etwas zu merken, ist die Geometrieveränderung. Hierbei ordnen sich die beteiligten Elemente oder Substrukturen so an, dass gegenüber dem Grundzustand eine veränderte Anordnung entsteht. Diese erkennt man häufig als zweidimensionales Muster, als Bild, oder als dreidimensionales Muster, als Hologramm. Gegenüber der zuvor beschriebenen Informationsspeicherung durch Ladungs- oder molekulare Strukturänderung kann die Geometrieänderung als Bild wahrgenommen werden, und jeder Bildpunkt kann neben seiner Farb- oder Ladungsqualität auch durch die Position zu seinen Nachbarn eine erhebliche Informationsmenge anzeigen.

Resümee: Gedächtnis ist das Vermögen, eine Information nach deren Abklingen zu speichern. Dies zeigt sich durch eine bleibende Strukturveränderung, die gelesen werden kann. Wenn Gedächtnisspuren verblassen, spricht man von »fading memory«. In diesem Sinne sind alle gemessenen bleibenden Eindrücke dem (Material-)Gedächtnis zuzurechnen, die Beule im Auto ebenso wie die Musik auf einer CD.

ÜBER DAS ERKENNEN

Wir erfassen die Welt durch die Sinne, und ein Bild durch das Sehen unserer Augen. Der Sinneseindruck wird ins Gehirn geleitet und dort gespeichert. Gleichzeitig findet ein Vergleich mit bestehenden gespeicherten, ähnlichen Bildern statt. Dies erlaubt, das neue Bild in vorangegangene Erfahrungen einzuordnen und zu benennen. Der voreingenommene Betrachter läuft deshalb Gefahr, das neue Bild vorschnell einem bestehenden Kontext zuzuordnen. Daher ist die unvoreingenommene, möglichst wertneutrale Betrachtung von großer Wichtigkeit. Hinzu kommt, dass der Betrachter die Dinge für möglich halten muss! Man wird nie etwas erkennen, wenn man dessen Existenz nicht für möglich hält.

Nun ist das Erkennen von Bildern zwar mit den üblichen Tücken und Unsicherheiten der Sinneswahrnehmungen und den unwillkürlichen Korrekturen des Gehirns verbunden, die landläufig als »Zurechtsehen« oder »Zurechthören« bezeichnet werden. Dabei wird der Sinneseindruck vom Gehirn in die Richtung von bestehenden oder vermuteten Mustern korrigiert. Als Beispiel sei noch einmal das Dalmatinerbild (Foto Seite 16) herangezogen, das im ersten Augenblick als unsystematischer Punktehaufen erscheint und sich beim zweiten Hinsehen als Bild mit einem Dalmatiner entpuppt, sobald das Gehirn ein dem Punktehaufen benachbartes Bild identifiziert hat und dies über Assoziationen als Erkenntniszugewinn weitergibt. Somit ist es bei der Interpretation von Bildern äußerst wichtig, möglichst unvoreingenommen und vorurteilsfrei zu sein und das Ergebnis nicht durch theorieverstellte Erwartungen zu verzerren.

Die Sinne

Die Sinne sind wie kleine Fenster im großen Bereich der elektromagnetischen Wellen – zwischen den Röntgenwellenlängen im Nanometerbereich und den unendlich langen Wellen der statischen Felder. Durch diese »kleinen Fenster« nehmen wir die Welt wahr, wenn wir sehen, hören, fühlen, riechen, schmecken. Das gesprochene Wort nehmen wir in einem anderen Bereich wahr als das geschriebene Wort, das wir sehen, nämlich in dem Schwingungsbereich des Hörens (anstelle Sehens). Wir Menschen sind mit recht kleinen »Wahrnehmungsfenstern« ausgestattet – wie ein Panzer mit kleinen Sehschlitzen, der herumfährt und durch seine Sehschlitze die Welt sieht. In unserem Bewusstsein denken wir, das Wahrgenommene sei die ganze Welt, aber dem ist nicht so. Denn es gibt Wellenlängen, bis hin zur Gammastrahlung, die wir zwar alle empfangen, sie sensorisch aber nicht wahrnehmen können. Wir haben beispielsweise keinen Sensor, um die Wellenlängen des Fernsehens direkt zu interpretieren, sondern benötigen dafür einen Transformator, den Fernseher. Radioinformationen und Handygespräche sind uns auch erst durch entsprechende Endgeräte zugänglich, die die Informationen in die Frequenzbereiche unserer Sinne transformieren.

Frequenztabelle

Die Fenster der Sinne.

Strahlung	Wirkung	Frequenz	Wellenlänge	Beispiele
Nicht ionisierende Strahlung	**Kraftwirkung** Statisches Feld			Kernspin Tomograph
	Reizwirkung Niederfrequenz	0,3 Hz	1 Mio. km	
		3 Hz	1000 000 km	
		30 Hz	10 000 km	Bahnstrom 16⅔ Hz, 18 000 km
		300 kHz	1000 km	Drehstrom 50 Hz-Stromversorgung im Haushalt
		3 kHz	100 km	
		30 kHz	10 km	LW
	Wärmewirkung Hochfrequenz	300 kHz	1 km	MW
		3 MHz	100 m	Radio TV KW
		30 MHz	10 m	UKW/VHF
		300 MHz	1 m	UHF
		3 GHz	100 mm	Mobilfunk D-Netz E-Netz UMTS LTE
		30 GHz	10 mm	Mikrowellen
		300 GHz	1 mm	Radar
		3 THz	100 µm	
		30 THz	10 µm	Infrared
		300 THz	1 µm	
	Sichtbares Licht			
Ionisierende Radiation	**Ionisation**	3×10^{15} HZ	100 nm	UV Licht
		3×10^{16} HZ	10 nm	
		3×10^{17} HZ	1 nm	Röntgenstrahl
		3×10^{18} HZ	100 pm	
		3×10^{19} HZ	10 pm	
		3×10^{20} HZ	1 pm	Gammastrahl

Für das Sehen gibt es das kleine Fenster des sichtbaren Lichts, auf den das Auge beschränkt ist. Das heißt, es erkennt optisch von dem großen Bereich der elektromagnetischen Wellen nur einen sehr kleinen Teil. Alles außerhalb bleibt für uns wortwörtlich »im Dunkel«. Wir nehmen die Welt also nur durch den schmalen Schlitz des sichtbaren Lichtes wahr, das in der Abbildung auf Seite 31 unten gelb als sichtbares Licht gekennzeichnet ist. Auch das Dunkelfeldmikroskop, mit dem wir arbeiten, macht nur die Dinge im sichtbaren Licht sichtbar und verfremdet möglicherweise die Farben. Effekte von anderen Wellenlängen außerhalb des sichtbaren Lichts können wir daher nur über Strukturveränderungen und Geometrieveränderungen wahrnehmen, die vom sichtbaren Licht wiedergegeben werden. Um dies zu überprüfen, erregen wir das Wasser zum Beispiel mit elektromagnetischen Wellen verschiedener Frequenzen und damit Wellenlängen.

Wir fanden durch unsere Untersuchungsmethode des Wassers eine unglaubliche und inzwischen auch reproduzierbare Methode, das vieles zu erkennen hilft, was bisher nicht sichtbar war.

Zwar haben wir durch die Resonanzmöglichkeit mit den Augen nur das Erkennen durch das sichtbare Licht unter dem Mikroskop, aber in Kombination mit dem sensiblen Wasser als Seismograph für die nicht sichtbare Welt eine phänomenologische Methode, das Unsichtbare sichtbar zu machen.

Resümee: Unsere Sinne sind wie Fenster, die die Welt nur in sehr begrenzten Ausschnitten wahrnehmen. Hinzu kommt, dass die Sinneseindrücke stets im Kontext früherer Eindrücke wahrgenommen werden und damit ein »Zurechtsehen« oder »Zurechthören« einhergeht. Wenn wir etwas Neues erkennen wollen, liegt die Kunst darin, unbefangen zu sehen und das Entstehen neuer Bilder angstfrei zuzulassen. Die Untersuchungsmethode der Wasseruntersuchung mit dem Dunkelfeldmikroskop könnte ein gangbarer Weg sein, das bisher nicht Sichtbare über die Tropfenstruktur sichtbar zu machen.

Die sieben Geheimnisse des Wassers

1

Wasser hat verschiedene »Gesichter«

Das Tropfenbild als Spiegel – Was sehen wir, was können wir erwarten?

Was sehen wir eigentlich unter dem Mikroskop? Wenn wir ein Bodenseewasser auf den Objektträger auftropfen, sehen wir im getrockneten Tropfen eine Anordnung von irgendetwas, was sich zu einem Bild formt. Zu einem spezifischen Bild, das für dieses Wasser typisch ist: mit ganz bestimmten Konturen, die in den Tropfen sichtbar werden.

Ein Foto von einer Wasserprobe eines Wassers aus Macao hat ganz andere, eigene Strukturen und unterscheidet sich optisch klar vom Bodenseewasser. Die Anordnung, die Strukturanordnung ist im Macaowasser eher »blumenartig«. Schauen wir uns dagegen ein Grubenwasser aus einem stillgelegten Bergwerk aus Nordrhein-Westfalen an, so sehen wir eine dichte, nicht zentrisch ausgeprägte Strukturbildung mit vielen Verästelungen, die auf den Salz- und Mineralgehalt des Wassers hinweisen. (Die Bedeutung des Salzes für die Strukturbildung wird später noch genauer beleuchtet.)

Nachdem wir in unseren Versuchen verschiedene Wässer aufgetropft haben, fanden wir es erstaunlich, dass die Tropfenbilder nicht einfach statistisch gleichmäßig verteilt trocknen und dabei allenfalls die Bedingungen der Kristallisation und der Sedimentation zeigen. Nein, sie geben in viel weitergehender Weise ein beinahe als charakteristisch zu bezeichnendes Image der Wasserprobe wieder, sodass wir von den »Gesichtern« des Wassers sprechen, einer »Bildersprache der Natur«.

Um das erste Geheimnis der »Bildersprache« der Natur nach und nach zu verstehen, zeigen wir in diesem ersten Kapitel Bilder von verschiedenen Wassersorten. Auf dem Foto Seite 35 unten ist eine Wasserprobe von einem Lichtwasser zu sehen. Lichtwasser soll alle Wellenlängen des Lichts enthalten. Dies von uns verwendete Wasser ist Wasser aus dem Wallfahrtsort Lourdes. Lourdeswasser zeichnet sich dadurch aus, dass es in unseren Versuchen sehr »instabil« reagiert. Wir unterteilen aufgrund unserer Beobachtungen in Wässer, die sehr stabil oder instabil sind. Stabil ist ein Wasser, wenn es sich relativ wenig durch äußere Einflüsse verändern lässt. Wir haben bestimmte Wässer gefunden, die kann man nahezu jedem äußeren Einfluss aussetzen (Mobilfunk, Schwingungen, Durchleuchten bei der Sicherheitskontrolle am Flughafen) und sie ändern ihre innere Struktur nicht und behalten unter dem Mikroskop immer noch dasselbe Bild.

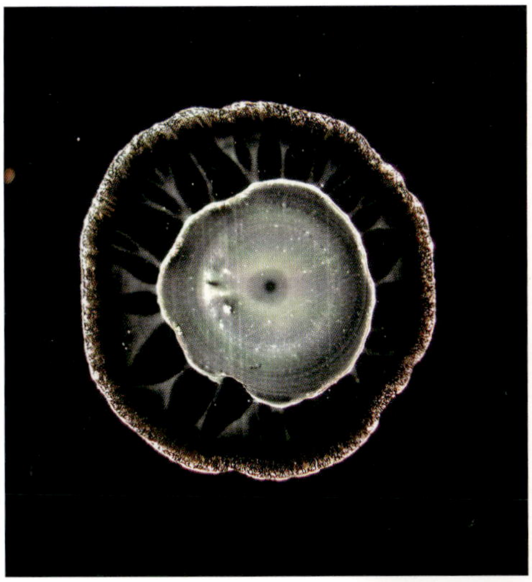

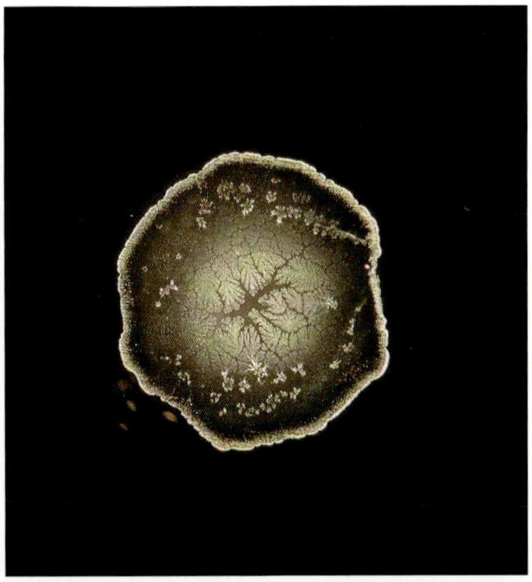

Bodenseewasser
Wasser aus Macao.

Grubenwasser aus einem Bergwerk in Nordrhein-Westfalen.

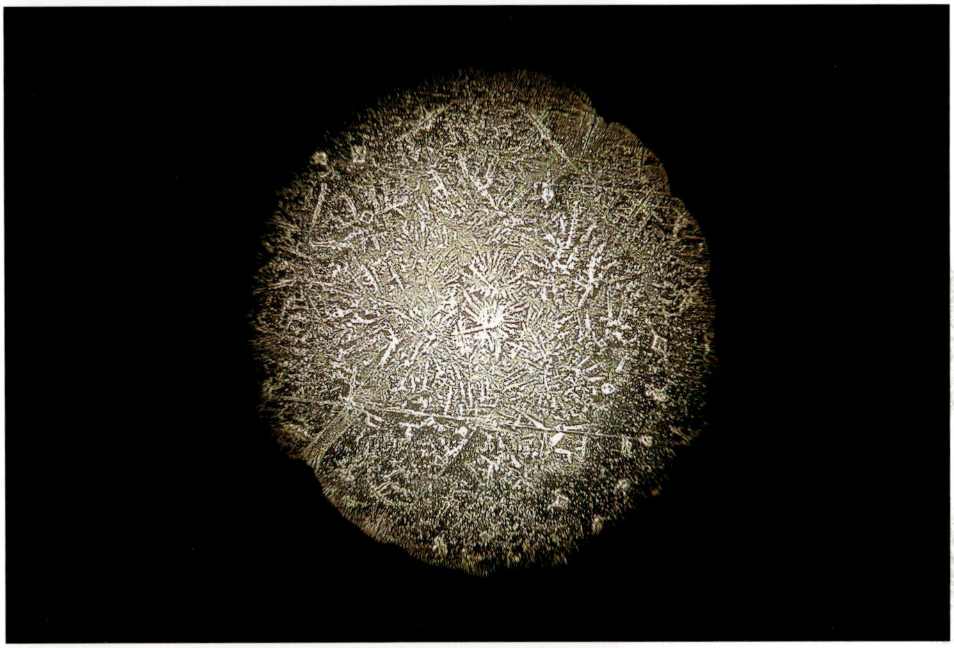

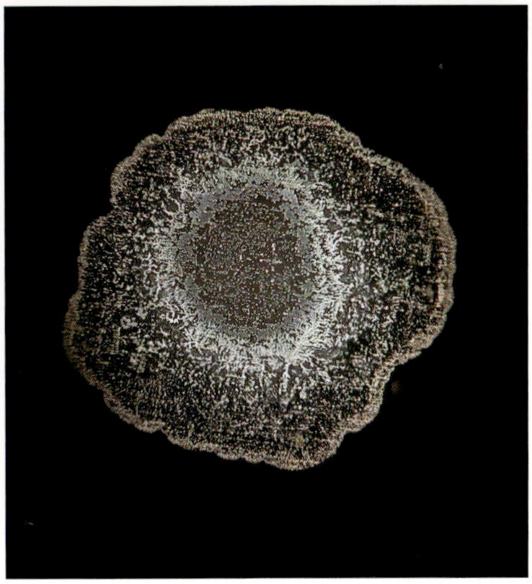

Lourdes-Wasser (links) und »heiliges« Wasser von der Quelle Birnau am Bodensee (rechts).

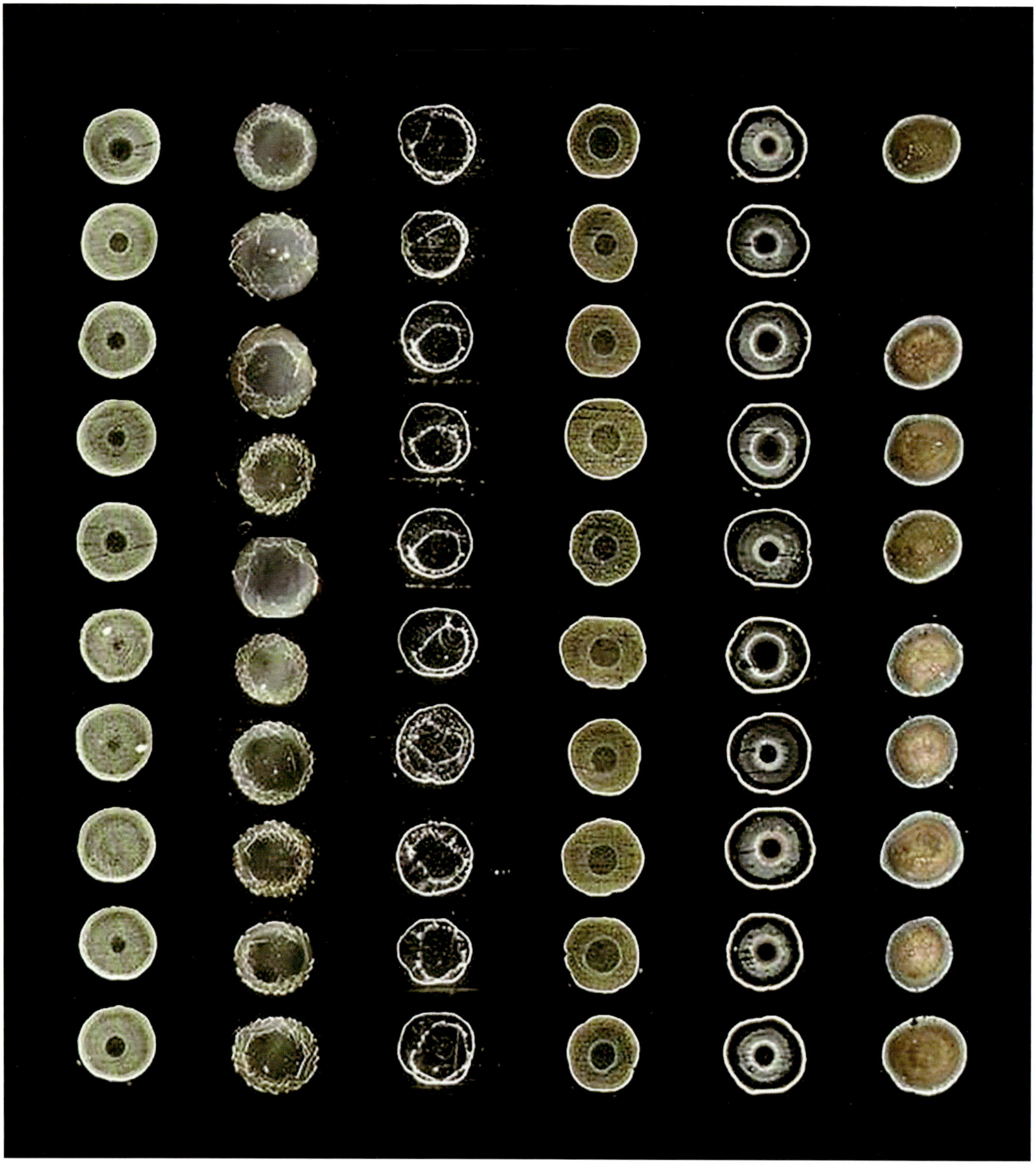

Verschiedene Wassertypen.

Und dann gibt es Wässer, die sogar innerhalb einer Versuchsreihe instabil werden können, das heißt, die sich von äußeren Bedingungen stark beeinflussen lassen. Deshalb haben wir in unserem Versuchslabor während der Auftropfversuche keine aktiven Mobilfunkgeräte im Raum sowie nicht zu viele Wasserarten auf einmal gelagert, da sie sich gegenseitig beeinflussen und stören können. Vergleicht man phänomenologisch das Lourdeswasser mit der heiligen Quelle aus Birnau, so erkennt man im Birnau-Wasser einen mittigen Strahlenkranz sowie einen wolkigen, leuchtend hellen Tropfenrand. Das Lourdeswasser zeigt federartige Strukturen ohne Zentrum, eine nahezu kreisrunde Tropfenform und einen dunklen sowie innen hellen, leuchtenden Rand. Die Wässer lassen sich im Erscheinungsbild gut voneinander unterscheiden (siehe Fotos Seite 35 unten).

Schaut man sich verschiedene Wasserproben unter dem Mikroskop an, so findet man in den Tropfen einer Versuchsreihe einer Wassersorte eine größere Ähnlichkeit als gegenüber den Tropfen einer anderen Wassersorte. Wir haben dies mit Hilfe der nachfolgenden Versuche mit verschiedenen Wässern dokumentiert. Alle Spalten von oben nach unten betrachtet, gehören jeweils zu einem Wasserversuch und geben einen kleinen Einblick, mit welchen Ähnlichkeiten man bei den Beobachtungen unter dem Dunkelfeldmikroskop rechnen kann.

Beim Bildvergleich verschiedener Wassersorten bildet jede Spalte eine Wassersorte ab. Anhand der Ähnlichkeit kann man die Bilder einer Sorte gut zuordnen und die Sorten voneinander gut unterscheiden. Damit ist die Voraussetzung für eine wissenschaftliche Arbeit erfüllt.

Natürlich gibt es immer Fälle, in denen zwei Sorten optisch einander so ähnlich sind, dass sie anhand der Bilder nicht identifiziert werden können. Dies stellt dann die Grenzen des wissenschaftlich methodischen Vorgehens dar, wenn man die Wassersorten voneinander unterscheiden will. Trotzdem ergeben sich dann noch viele interessante Erkenntnisse, wenn man die verschiedenen Wässer den unterschiedlichen Einwirkungen aussetzt. In einem solchen Fall haben wir in diesem Buch die Bilder ausgewählt, die das gefundene Phänomen typisch darstellen und aussagekräftig sind.

Unsere angewandte Methodik sieht man auch beispielhaft an den Wassertropfen des Leitungswassers aus Polen (siehe Fotos Seite 38 und 39). Hier findet man zwar eine Verwandtschaft der Formen, die einzelnen Bilder sind aber vielgestaltiger als in den zuvor abgebildeten Versuchsreihen. Bei diesen Bildern muss man den Blickwinkel für diese Wassersorte, das heißt Bildklasse, weiter fassen, um die Ähnlichkeiten zu erkennen. Im Laufe der Zeit fallen diese Kategorisierungen durch die Beschäftigung mit den verschiedenen Wassertropfen-Proben immer leichter, man erhält einen Blick dafür, das Auge wird geschult für die feinen Tropfenstrukturunterschiede.

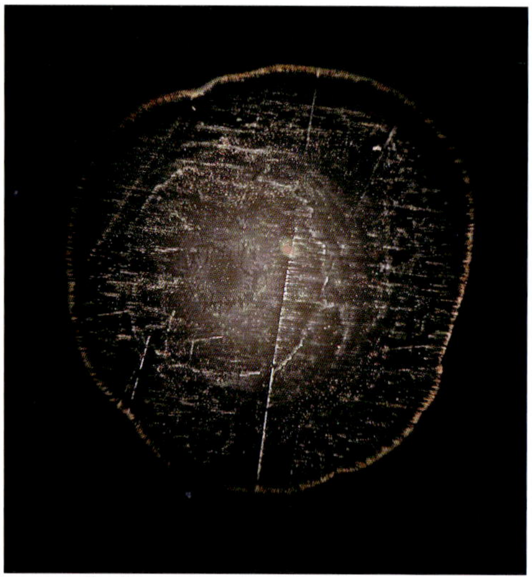 

Leitungswasser aus Polen, Ähnlichkeit der Tropfen im weiteren Sinne.

Natürlich möchte man jetzt wissen, wie man herausfindet, ob ein Bild zu einer Wassersorte, also zu einer bestimmten Bildklasse gehört. Dazu haben wir eine sogenannte Wassergrammatik mit eigenen Grundregeln entwickelt. Man wählt bestimmte Merkmale des Bildes aus und vergleicht daraufhin die aufgetropften Wasserstrukturen.

- Hat das Tropfenbild ein Zentrum? (Anordnung: rund oder eher länglich, diffus, konzentrisch?)
- Wie ist das Zentrum ausgeprägt? (Forminhalte: dunkel, hell, leer, gefüllt, ausgewogen, chaotisch?)
- In welcher Form ist der Rand ausgeprägt? (Beschaffenheit: rund, blumig, zerfasert?)
- Wie ist die Dicke des Randes? (Dichte: breit, leuchtend, dünn, verwischt?)
- Welcher Art ist der Übergang vom Zentrum zum Rand? (Gleichmäßigkeit oder Struktur?)
- Gibt es Symmetrien, Dendritenbildung, Forminhalte im Tropfen?
- Wie ist das Gesamtbild der Tropfenerscheinung?

Diese ausgewählten Merkmale sollten auf die Mehrzahl der Bilder einer Versuchsreihe eines Wassers zutreffen. Durch Weglassen und Hinzufügen von Bildeigenschaften kommt man iterativ zu der zutreffenden Charakterisierung. Hierbei hilft die üblicherweise bei uns Menschen sehr ausgeprägte Fähigkeit, Bilder zu erkennen und zu vergleichen.

Man findet also durch den Kanon der Merkmale eine Abstraktion. Wenn ein Bild diese Merkmale erfüllt, gehört es dazu und ist den anderen hinreichend ähnlich. In diesem Sinne ist die Ähnlichkeit die Gleichheit im Sinne einer Abstraktion.

Das bedeutet, dass man eine Abstraktion wählt, und entscheidet, ob man das Bild zu der Klasse zählen will, also ob es die Merkmale dieser Abstraktion erfüllt. Wenn es dazugehört, ist die vorher von einem selbst gesetzte Ähnlichkeitsbedingung erfüllt. Dies klingt willkürlich, hilft aber, das phänomenologische Ergebnis auch von einer anderen Versuchsperson bestätigen oder korrigieren zu lassen – und zu wiederholen.

Nach diesen »Vorbereitungen« wollten wir unsere optischen Sinne für die Verschiedenartigkeit der Tropfenstrukturen schärfen und haben weitere verschiedene, unter dem Dunkelfeldmikroskop fotografierte Wassersorten betrachtet. Dabei haben sich die verschiedenen auftretenden Typen von selbst eingeprägt, und wir haben eine Übersicht über auftretende Verschiedenheiten erhalten. Die Bilder sind wie das Grundmuster einer Sprache, die wir nun nach und nach verstehen wollen. Die Liste der Tropfen ist natürlich längst nicht vollständig, inzwischen haben wir mehr als 50 000 Tropfen fotografiert – und bei der Arbeit gab es immer wieder Überraschungen.

Die verschiedenen Wässer haben aufgrund ihrer Eigenschaften, die sie in der Vorgeschichte erworben haben, verschiedene »Gesichter«. Wir nennen dies gerne so, weil sie uns durch das Dunkelfeldmikroskop geradezu »anschauen« und auf uns wie ein fremdartiges Gegenüber in Erscheinung treten: manchmal wie ein Kosmos, manchmal wie ein Mandala, oft sehr direkt das Innere berührend, wie viele Beobachter finden. Neben dem Erkennen spielt also auch das Erfühlen eine große Rolle, denn wie man seit Goethe weiß: »Was du nicht erfühlst, das kannst du nicht erjagen.«

Wie entsteht überhaupt die Struktur im Wassertropfen? Wir entlehnen einen Vergleich aus der mechanischen Bewegung: Tauchen wir einen Stab senkrecht in einen gleichmäßig (laminar) fließenden Bach, so entsteht aus der Konfrontation eines strukturlosen Baches und eines ruhenden Stabes unterhalb des Stabes eine periodische Schwingung im Wasser. Es ist Ordnung, also Struktur entstanden. Erhöhen wir die Geschwindigkeit des Wassers, so werden die ablösenden Wirbel turbulent.

Ähnlich funktioniert das beim Beschleunigen von Luft. Blasen wir beispielsweise in eine Querflöte, so entsteht eine solche periodische Wirbelstraße. Diese bringt in der Flöte jedoch nur diejenige Schwingung in Resonanz, die zur Länge der geschlossenen Luftsäule gehört. Dadurch entsteht der Ton. Die Flöte filtert durch ihre Eigenschwingung aus der periodischen Anregung den Ton heraus.

Ähnlich kann man sich die Wiedergabe der Informationen im Wasserbild vorstellen. Je nach Eigenschaft des Wassers ist ein anderes Abbildungspotenzial vorhanden, gemäß

Mineralwässer Volvic (links) und Evian (rechts).

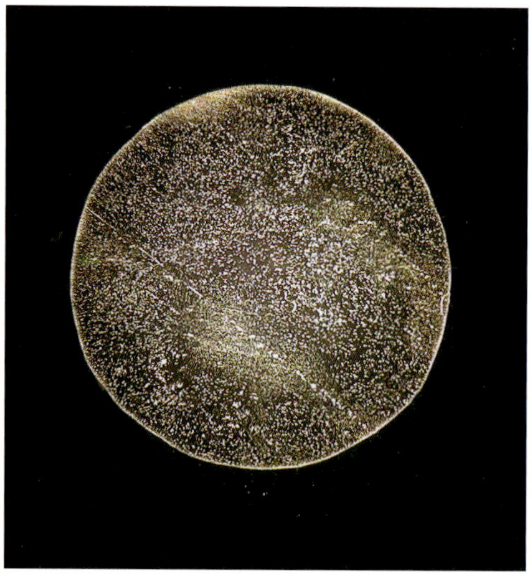

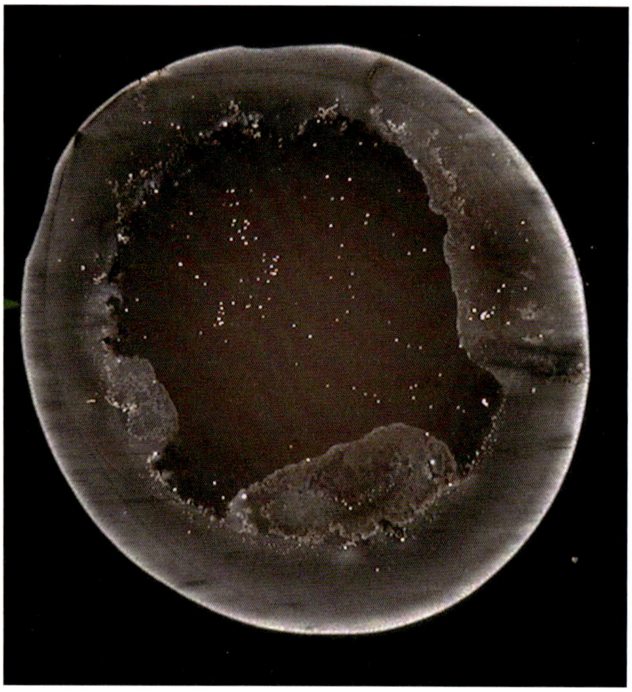

Alpenwasser (oben), Schneewasser von getautem Schnee aus Stuttgart (rechts).

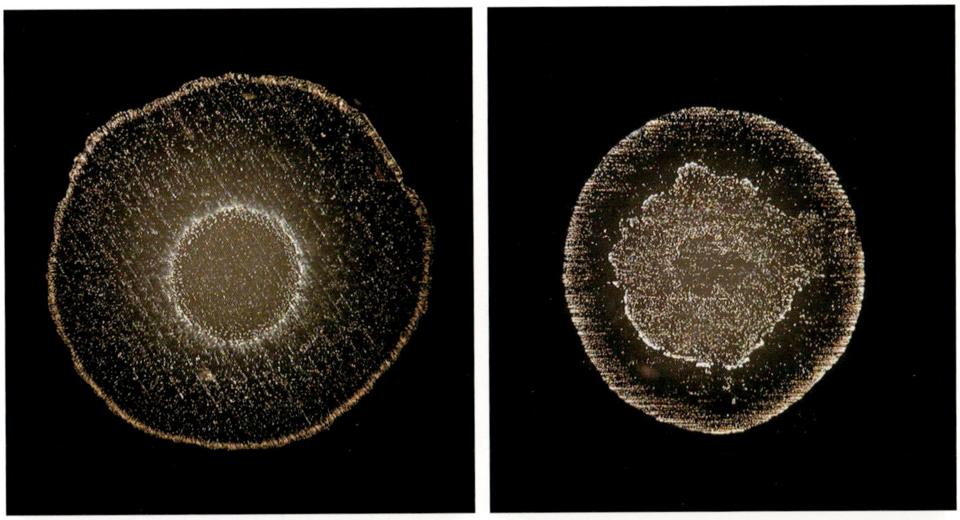

Mineralwasser St. Georg Quelle (links), griechisches Wasser »Zatopi« (rechts).

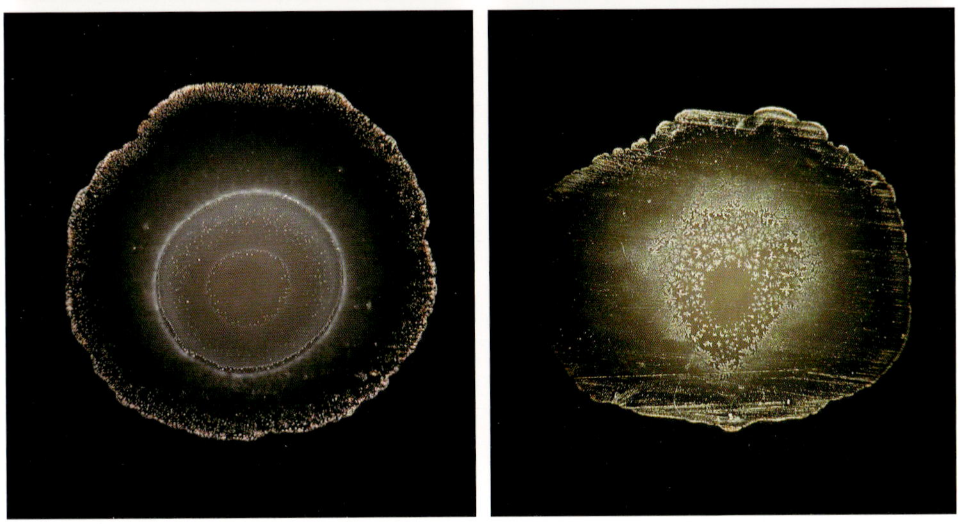

Leitungswasser Stuttgart (links), Tibetquelle (rechts).

dem das Bild wiedergegeben wird (mehr zum Inhalt des Begriffs »Information« in der Zusammenfassung »Was wir zu wissen glauben«, Seite 124).

An dieser Stelle möchten wir noch einmal auf die Frage zurückkommen, warum wir die Rückstände der Tropfen nicht chemisch untersuchen, die Rückstände vom Objektträger abkratzen und unter dem Rasterelektronenmikroskop anschauen. Dabei verhält es sich wie mit der Entzifferung einer alten Schrift: Um sie zu verstehen, nützt es wenig, die Druckerschwärze abzukratzen und zu analysieren. Wir interessieren uns für die Anordnung, die Ordnung und die Harmonie der Bilder. Diese geometrischen Größen hängen natürlich über die Bildungskräfte und die Bildungsgesetze von Strukturen mit den Inhaltsstoffen zusammen. Diese komplexen Zusammenhänge bleiben aber außerhalb der Reichweite unserer Betrachtung, vor allem solange wir auf der Bildebene noch genügend neue und interessante Erkenntnisse sammeln können. Wie gesagt, es geht uns nicht um die mineralische Zusammensetzung der Rückstände, sondern um die Informationen im Tropfen, die durch die Anordnung zu signifikanten Bildern geformt werden.

Mit Kristallen »belebtes« Umkehrosmose-Wasser links, Gletscherwasser rechts.

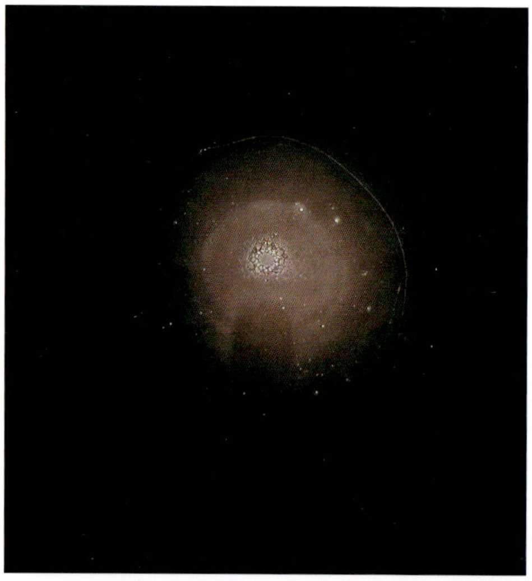

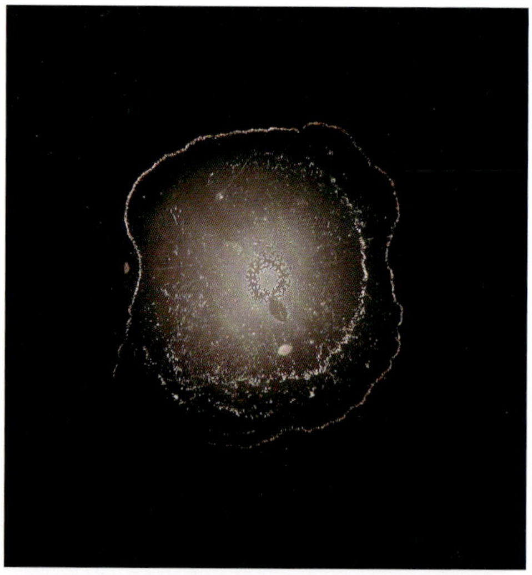

Wasser aus einer speziellen Meerwasserentsalzungsanlage, die mit Sonne als Energiequelle arbeitet. Der ppm-Wert (parts per million) liegt sehr niedrig bei 4, der pH-Wert bei 7.

Und dass die Tropfenstrukturen nicht alleine aufgrund der mineralischen Rückstände entstehen, machen wir in den nachfolgenden Kapiteln deutlich: Das Wasser wird beispielsweise beeinflusst durch Mobilfunkstrahlen, also durch elektromagnetische Felder, oder durch Schall bis hin zu Gedankenkräften. Man sieht dann sofort, dass neben der Chemie zum Beispiel auch die Polarität des Wassers bei der Strukturbildung eine große Rolle zu spielen scheint. Wobei die Mineralien helfen, die Veränderungen sichtbar zu machen. In einem Wasser ohne Mineralien wie destilliertem Wasser sind Strukturveränderungen oft weitaus schwieriger zu dokumentieren.

VERÄNDERUNGEN DES WASSERBILDES DURCH TECHNISCHE UND NATÜRLICHE EINWIRKUNGEN

In diesem Abschnitt wird exemplarisch gezeigt, wie sich das Wasserbild aufgrund von technischen und natürlichen Einwirkungen verändern kann. Hierbei sind besonders Verfahren der Wasserreinigung, der Meerwasserentsalzung, der Destillation, der Demineralisierung, des Kochens, des Verwirbelns und des Inonisierens von Interesse. Zusätzlich wird auf die Wirkung des statischen Magnetfeldes der Erde eingegangen, das das Tropfenbild ebenfalls beeinflusst.

Osmosewasser

Umkehrosmose-Wasser wird dadurch gewonnen, dass meist Rohwasser, also unbehandeltes Wasser, mit Druck durch eine Membran gepresst wird. Diese semipermeable Membran lässt Wassermoleküle durch und hält je nach Auswahl der Membran unter anderem Kalk, Schwebeteile, Salze, Pilzsporen, Hormone, Nitrate und Medikamentenrückstände zurück. Umkehrosmose-Wasser schmeckt »weicher«, Tee oder Kaffee treten im Geschmack deutlicher hervor. Je weniger Mineralien und Teilchen im Wasser sind, desto geringer ist auch der messbare ppm-Wert (parts per million). Bei dem untersuchten Osmosewasser auf dem Foto Seite 42 oben links liegt der ppm-Wert bei 20, das von uns für den Osmosevorgang verwendete Leitungswasser aus unserer Trinkwasserleitung hatte einen ppm-Wert von 260. Osmosewasser wird aufgrund seiner durch Filtration gewonnenen Reinheit gelegentlich auch mit Gletscherwasser verglichen.

Da das Wasser nach der Umkehrosmose einen niedrigeren pH-Wert hat und auch Mineralien aus dem Wasser herausgefiltert werden, gibt es Anlagen, die das Wasser nach dem Pressen durch die Membran wieder gezielt mineralisieren oder »beleben«. Sie leiten das Wasser nach dem Filtern beispielsweise über Kieselgel-, Muschelkalkfilter oder Kokosnussschalen. Das Wasser auf dem Foto Seite 42 oben links wurde so behandelt.

Wasser aus seiner speziellen Meerwasserentsalzungsanlage

Üblicherweise setzt man bei der Meerwasserentsalzung auf das Prinzip der Verdampfung bei über 100 °C oder auf die Umkehrosmose. Wir haben ein Wasser aus einer speziellen Meerwasserentsalzungsanlage untersucht, die mit Verdunstung bei Temperaturen unterhalb der Siedetemperatur und anschließender Kondensation arbeitet. Das Wasser wird nicht über 100 Grad erhitzt, wird nicht durch Filter oder Membrane gepresst und behält einen natürlichen pH-Wert. Es wird langsam verdunstet und wieder kondensiert, wie in der Natur beim natürlichen Vorgang der Verdunstung und anschließenden Wolkenbildung mit Regen. Dadurch hat das Wasser eine hohe Trinkwasserqualität. Es wird ohne externe Energiequelle, nur mit Sonnenlicht gewonnen (Foto Seite 42 unten).

1-mal destilliert, ppm: 4, pH: 6,5.

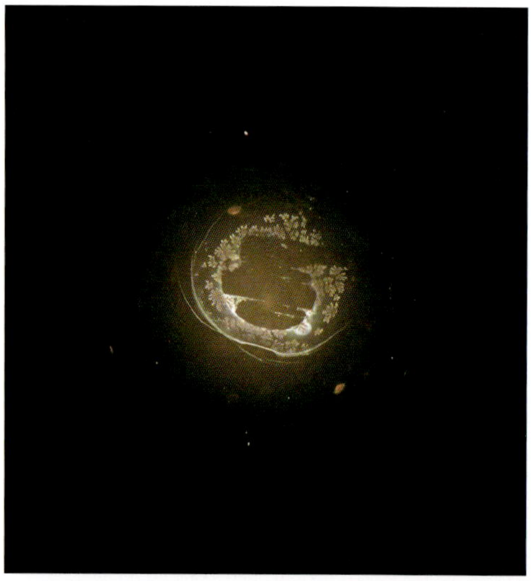

2-mal destilliert, ppm: 0, pH: 6,97.

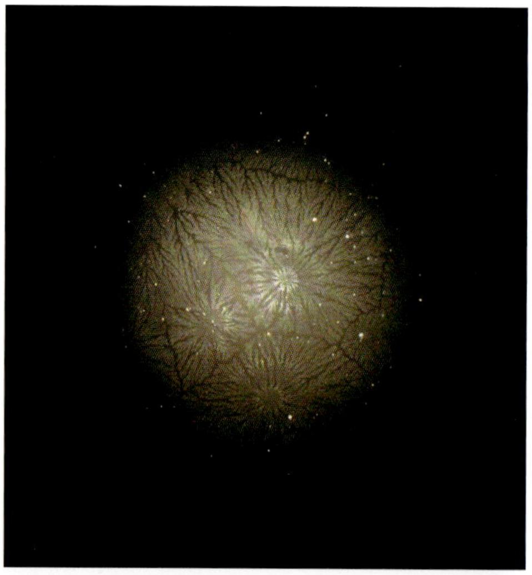

Destilliertes Wasser aus China (»Watson Water«).

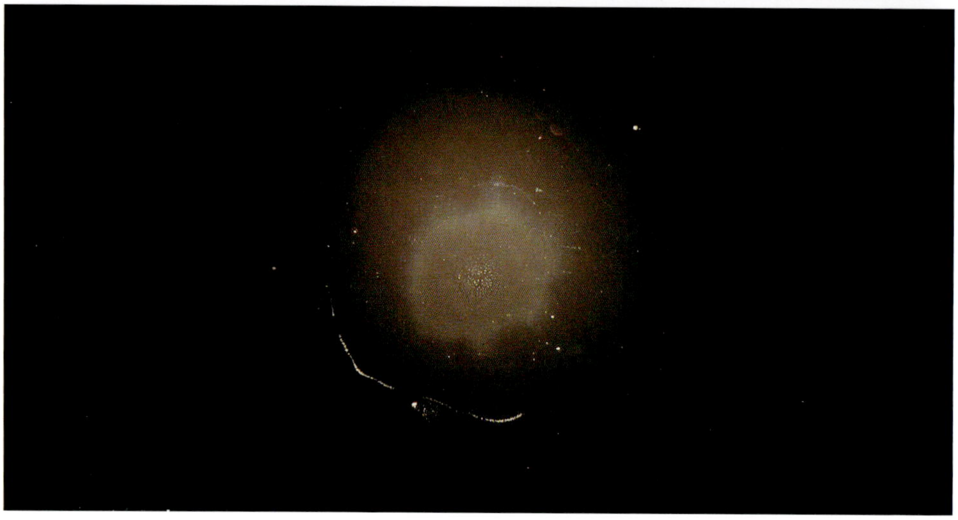

Destilliertes Wasser

Ein chemisch reines Wasser ohne jegliche Mineralien erhält man durch Destillation. Dieser thermische Vorgang trennt durch Verdampfung Wasser von Verunreinigungen wie beispielsweise Schadstoffen, Spurenelementen und Hormonen. Der Wasserdampf wird anschließend durch Abkühlen kondensiert und als reines Wasser aufgefangen. Destillierte Wässer sind meist nicht gut geeignet für unsere Versuche und schlecht nutzbar für die Sichtbarmachung von Informationsübertragungen. Sie bringen nur schwache Abbildungen hervor, und so kommt es, dass Einwirkungen auf destilliertes Wasser zu keinen differenzierbaren Veränderungen im Vorher-Nachher-Vergleich führen. Um eine gut sichtbare Einwirkung oder Veränderung zu zeigen, eignen sich Mineralwässer und bestimmte Leistungswässer, weil sie mineralische Bestandteile enthalten. Das abgebildete destillierte Wasser aus China (siehe oben) zum Beispiel hat nahezu keine Rückstände im Wasser und daher auch ein kaum sichtbares, getrocknetes »Tropfenbild«.

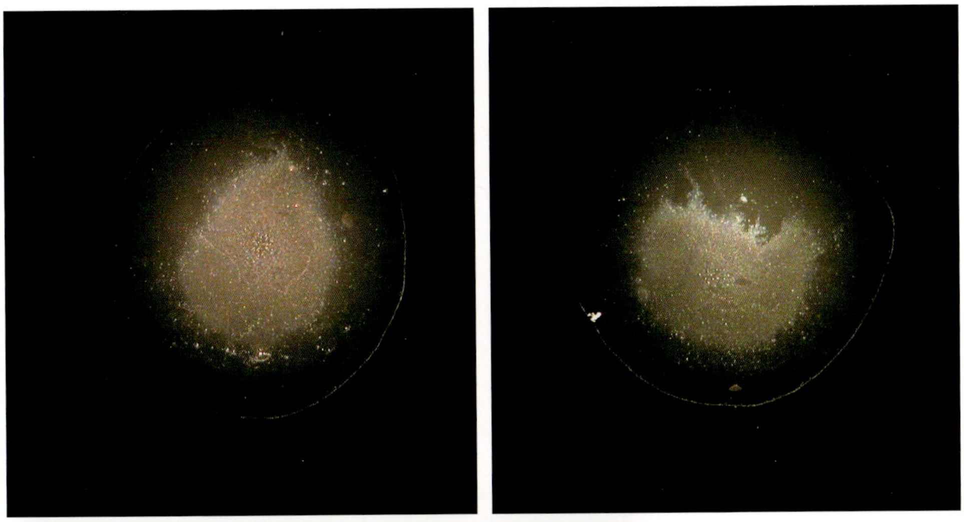

Demineralisiertes Wasser aus dem Ionenaustauscher.

Leitungswasser ungekocht (links) und gekocht (unten). Beim gekochten Wasser fallen der wellige Rand und die Zentrumsbildung im Tropfen auf.

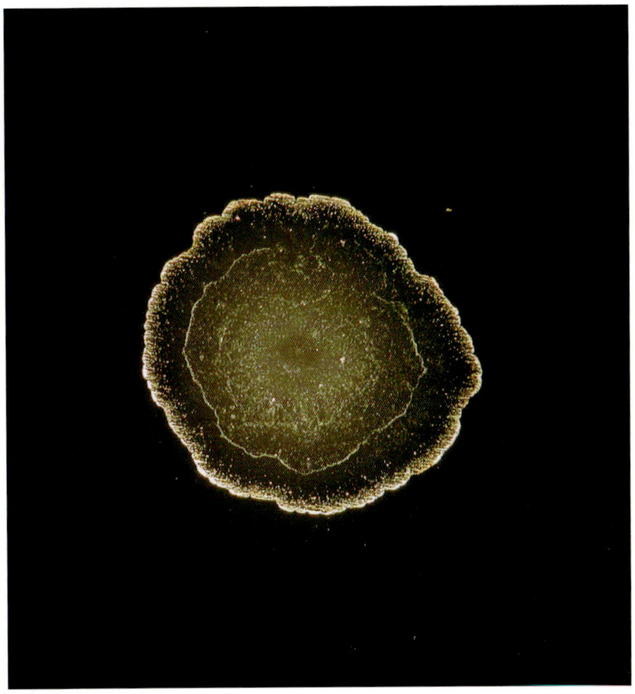

Demineralisiertes Wasser

Destilliertes Wasser wird meist durch einen hohen energetischen Aufwand hergestellt, deshalb wird für bestimmte Anwendungen demineralisiertes Wasser verwendet, das mit geringerem Aufwand kostengünstiger produziert werden kann: Dazu wird Trinkwasser lediglich durch einen Ionenaustauscher, der an die Wasserleitung angeschlossen wurde, geleitet. Demineralisiertes Wasser ist nur ein destillatgleiches Wasser, das beispielsweise als Batteriewasser oder Bügeleisenwasser im Handel verkauft wird. Es kann im Gegensatz zum destillierten Wasser noch organische und apolare Stoffe enthalten. Hergestellt wird es also durch einen Ionenaustausch aus Trinkwasser.

Gekochtes Wasser und Ayurveda

Wir werden immer wieder gefragt, wie sich gekochtes Wasser in der Struktur verändert hat. Dies ist für viele interessant, weil in ayurvedischen Schriften und Anwendungen das Trinken von aufgekochtem, warmem Wasser ein essenzielles Thema ist. Dieses Wasser soll, in kleinen Schlucken getrunken, unter anderem hilfreich sein bei der Zellentgiftung, beim Fasten (auch gegen Hungergefühle) sowie zur Entspannung und Gewinnung der inneren Ruhe. Aber neben der ayurvedischen Anwendung ist gekochtes Wasser auch die Basis für unseren alltäglichen Tee- und Kaffeegenuss.

Hat das reine Kochen des Wassers – ohne Zusatz von beispielsweise Kräutern, Ingwer, Teeblättern – eine Auswirkung auf die Struktur des Tropfenbildes? Wir wollten es wissen und starteten einen Versuch. Und tatsächlich verändert sich die Struktur des Wassers unter dem Dunkelfeldmikroskop nach dem Kochen des Wassers (siehe Fotos Seite 45 links und unten).

Levitiertes Wasser

Levitationsmaschine.

Unter den zahlreichen und unterschiedlichen Möglichkeiten, Wasser zu verwirbeln, die derzeit auf dem Markt und in Wasserläden angeboten werden, gibt es unter anderem das Mittel der Levitation. Levitiertes Wasser wird mit einer sogenannten Levitationsmaschine hergestellt, in der das Wasser starken Bewegungsenergien und Wirbeln ausgesetzt wird. »Beim Levitationsprozess werden bei einer geometrisch definiert gesteuerten Bewegung im rhythmischen Wechsel große und kleine spezifische Wasseroberflächen erzeugt«, erklärt Friedrich Hacheney den Prozess. (Hacheney 2005, S. 16)

Wir wollten wissen, ob sich ein reiner Verwirbelungsvorgang ohne den Zusatz von externen Stoffen auf die Struktur des Wassertropfenbildes auswirkt. Und tatsächlich konnten wir eine Veränderung im Tropfenbild feststellen: Der Tropfen zeigt statt eines mittig getrockneten Zentrums mit deutlichen Rändern und Trocknungszonen verwirbelte innere Strukturen. Der Tropfenrand erscheint nicht rund, sondern »blumig« ausgebuchtet.

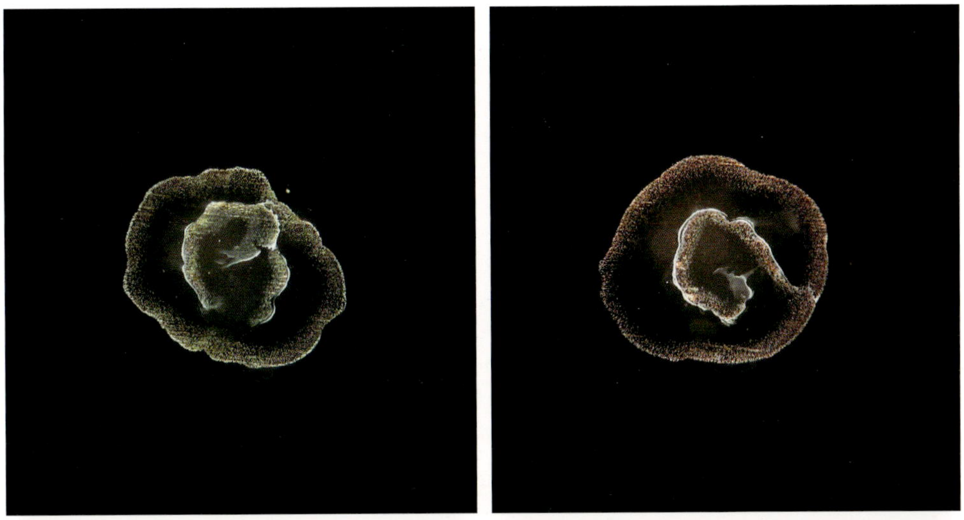

Levitiertes Wasser, Tropfenbilder.

Silberwasser und Detail des Tropfens.

Ionisiertes Wasser: Silberwasser

Silberwasser ist Wasser, dem elektrolytisch Silberionen zugesetzt wurden. Ein Ion ist ein Atom, dem Elektronen genommen oder hinzugefügt sind. Dadurch wird die Ladung gegenüber der neutralen Ladung positiv oder negativ verändert. Beim Silberwasser schwimmen ultrafeine Partikel von Silber im Wasser, ohne im Wasser gelöst zu sein oder sich chemisch zu verbinden.

Die Anwendung von kolloidalem Silber zur Desinfektion und seine antibiotische Wirkung werden seit etwa Mitte des 19. Jahrhunderts geschätzt. Durch den Einsatz von modernen Antibiotika hat sich das Einsatzgebiet für kolloidales Silber verändert: Heute wird es aufgrund seiner antibakteriellen Wirkung insbesondere in Deodorants, Sportbekleidung und zur Desinfektion im Haushalt verwendet. Für uns ist die reine Strukturbildung im Tropfen eines Silberwassers interessant (siehe oben). Die Tropfen des Silberwassers fallen unter dem Dunkelfeldmikroskop durch ihre feinen, netzartigen Verästelungen auf, die an Misteln oder Flechten erinnern. Es trocknet nicht ringförmig. Der Rand des Silberwassers ist breit und leuchtend ausgeprägt sowie nahezu rund.

Das Magnetfeld der Erde, die Sonne scheint von Links.

Faradaykäfig aus Mu-Metall, geschlossen und offen.

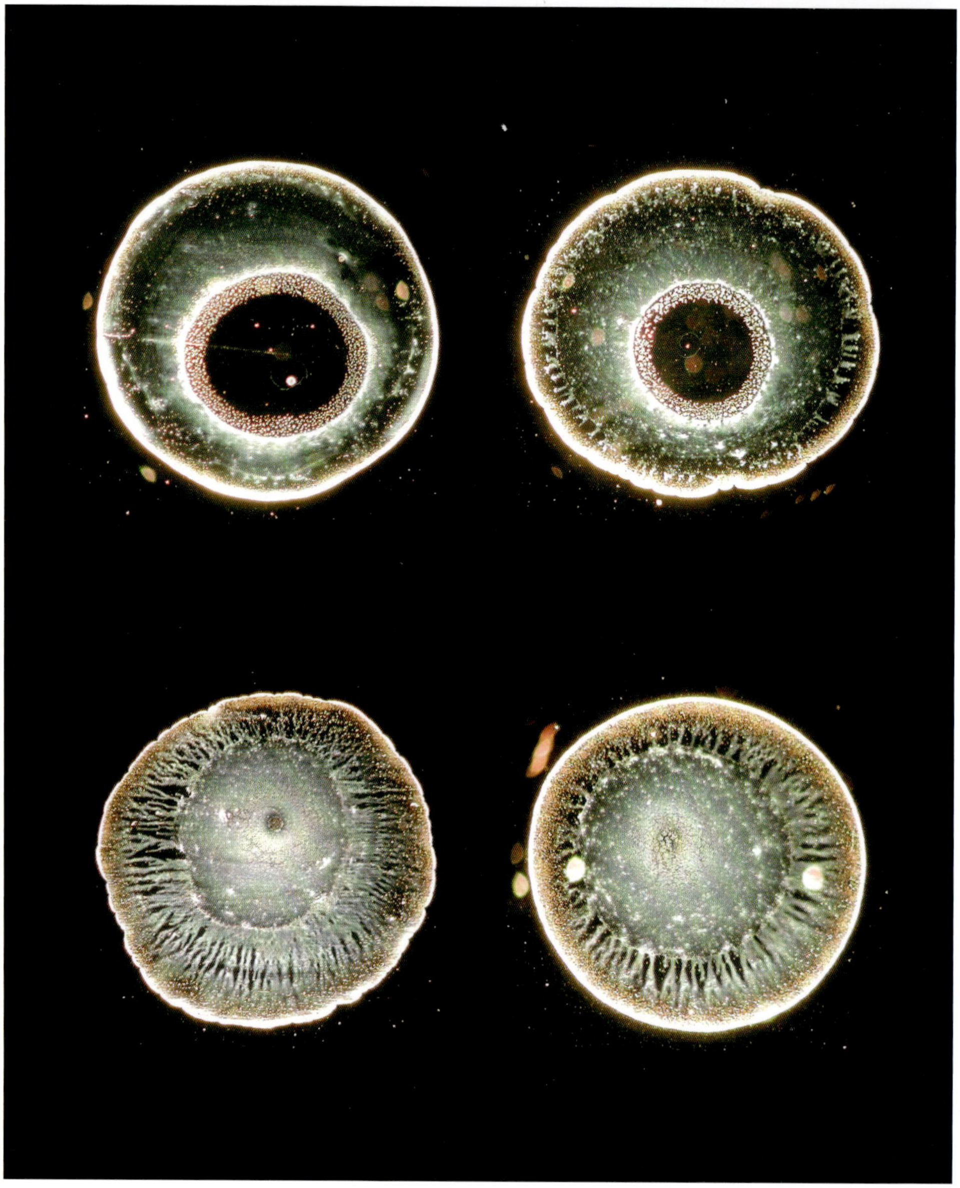

Oben zwei Tropfen außerhalb, unten zwei Tropfen innerhalb des Faradaykäfigs getrocknet. Die Bilder stammen von zwei verschiedenen Personen an zwei Tagen.

Externe Feldwirkungen – Das statische Magnetfeld der Erde

Auf der Sonnenseite sind die magnetischen Feldlinien zusammengedrängt, auf der Nachtseite reichen sie in den Weltraum hinaus. Das B-Feld in Baden-Württemberg weist im Mittel eine magnetische Flussdichte von 30–60 Microtesla auf. Zum Vergleich: Am Bahnsteig eines elektrifizierten Zuges werden etwa 50–110 Microtesla gemessen.

Um zu erkennen, welche Einflüsse unser Erdmagnetfeld auf das Trocknungsbild eines Wassertropfens hat, haben wir Versuche in einem Faradaykäfig durchgeführt. Wir haben zwei Käfige gebaut: Einer hat die Form einer runden Telefonzelle und ist in der Lage, die elektromagnetischen Wellen in weiten Bereichen nahezu ganz abzuschirmen. Er besteht aus Mu-Metall-Folie. In diesem Käfig ist es zum Beispiel nicht mehr möglich, mit einem Mobiltelefon zu telefonieren. Sensible Menschen können die Veränderung auch fühlen, wenn sie darin sitzen. Der andere Faradaykäfig aus Mu-Metall ist wesentlich kleiner und für die Tropfenversuche vorgesehen (siehe Seite 48 links).

Wir haben Wassertropfen außerhalb des Käfigs als Referenz aufgetropft. Zum Vergleich wurden dann innerhalb des Faradaykäfigs Wassertropfen aufgetropft und dann im Käfig getrocknet. Das Ergebnis zeigt das Foto Seite 68 rechts.

Man erkennt den erheblichen Einfluss des Erdmagnetfelds auf das Tropfenbild: Oben, bei den Tropfen außerhalb des Käfigs, sehen wir eine offene Mitte, unten, bei den Tropfen im Käfig, ist diese geschlossen. Auch die Randzonen der Tropfen sind deutlich verschieden. Daraus lässt sich schließen, dass auch unser Körperwasser durch Magnetfelder beeinflusst wird und abhängig von der Stärke des Magnetfeldes deutlich verschiedene (Wasser-)Strukturen bildet.

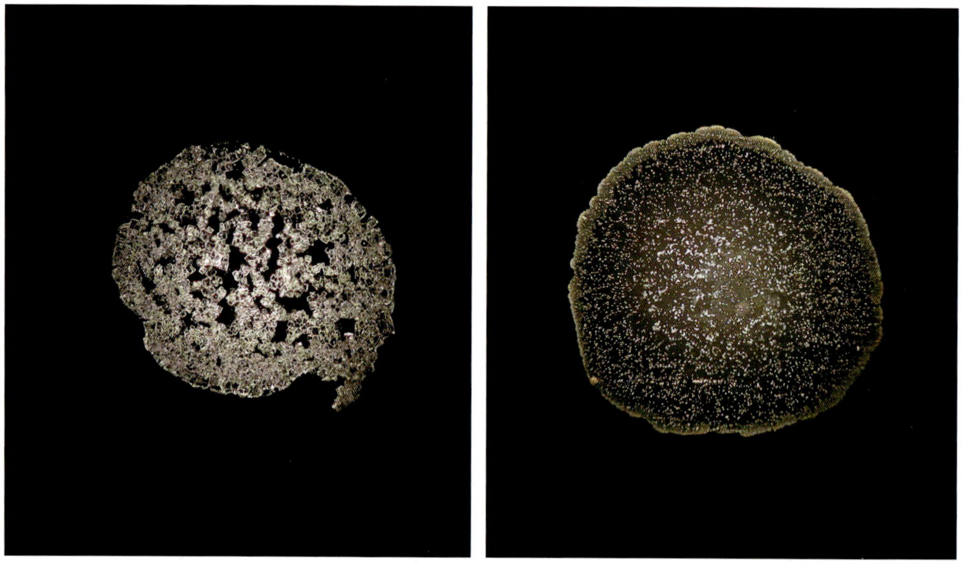

Himalaya-Salz in Wasser (links), mit Jodsalz angereichertes Quellwasser (rechts). Je nach Salzart verstärken sich die Strukturen bzw. bilden ganz eigene neue Strukturen aus.

EIN KLEINER EXKURS ÜBER STOFF UND FORM

Die Wasserbilder bestehen aus gegliederten flächigen Strukturen, deren Flächen notwendigerweise von Rändern begrenzt sind. Wir interessieren uns dafür, wie diese Flächen entstehen. Bildet sich eine Fläche, die quillt und sich vergrößert, oder gibt es zuerst eine Randstruktur, die nach und nach mit Stoff gefüllt wird?
Wenn das Letztere wahr wäre, so würde das heißen, dass eine Randstruktur im Wasser vorgeformt wäre, die sich abbildet und den Rahmen für die Füllung bildet. Philosophisch hat Laotse dies folgendermaßen ausgedrückt: »Innerhalb der Form ist Ding, oberhalb der Form ist Sinn.«

Nach Laotse kommt demnach aus dem Geist die Form und gebiert die Struktur, die sich danach mit Stoff (Materie) füllt. Dies wäre eine wichtige Erkenntnis für alles schöpferische Tun: Der Architekt sieht zuerst im Geiste die Formen seiner Baukörper, sie gewinnen Gestalt, um sich danach mit Materie zu füllen. So scheint es mit allem Kreativen abzulaufen, zuerst Form und Funktion, danach Stoff.

Dazu haben wir einen Versuch gemacht. Zunächst haben wir ein Wasser mit 3 Prozent Himalayasalz und ein mit 3 Prozent Jodsalz angereichertes Quellwasser genommen und sie dann mit der Tropfenbild-Methode untersucht, um einen Eindruck von der Verschiedenartigkeit der Wässer zu bekommen. Die Bilder bestätigten die Erfahrung: Salz ist ein Strukturbildner der Erde; sobald etwas Salz im Tropfen ist, verstärkt es die Bildung von Strukturen, und je nach Salzart gibt es verschiedene Bilder. Man könnte als religiöser Mensch unvermittelt den Satz der Bibel »Ihr seid das Salz der Erde« zitieren und daraus herleiten, dass der Mensch der Strukturbildner der Erde sei. Und dass der Mensch mit seinem Geist seinen Sinn abbildet. Welch eine Kraft, welch eine Verantwortung ergäbe sich daraus!

Doch zurück zu unserer obigen Fragestellung nach der Reihenfolge von Form und Stoff. Beobachtet man den Trocknungsvorgang, diesmal an einem Salzwasser aus dem

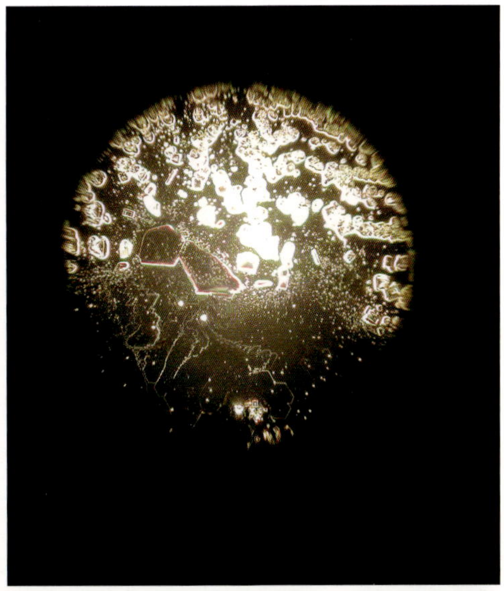

Erste Phase: Oben ist bereits Stoff, unten ist es noch leer. In der Mitte entsteht eine Art »Brille«.

Zweite Phase: Unten entstehen Formen, die »Brille« ist noch leer.

Dritte Phase: Unten entstehen »Höfe«.

Vierte Phase: Die ersten unteren »Höfe« füllen sich mit Stoff.

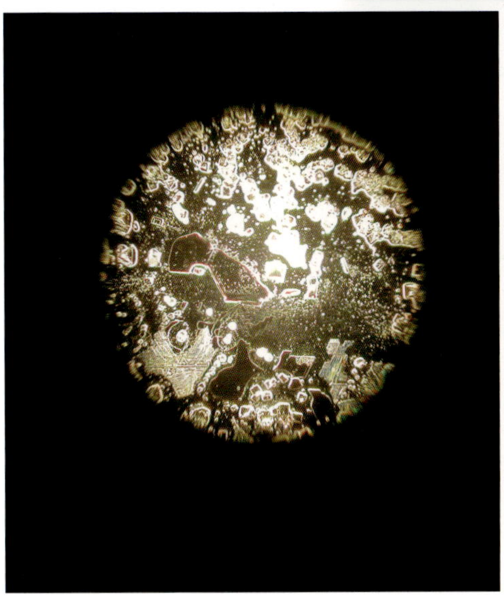

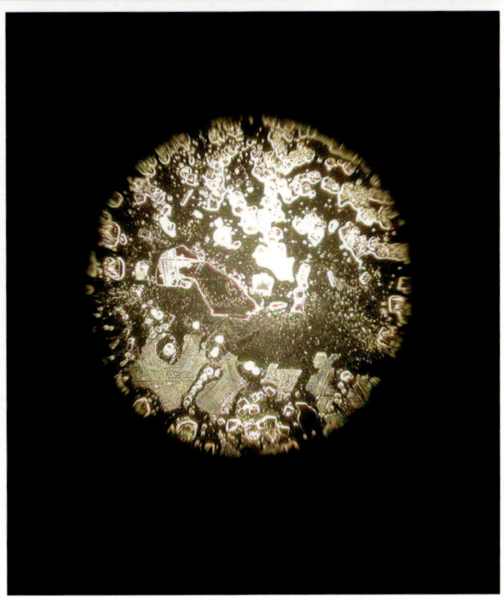

Fünfte Phase: Die weiteren unteren »Höfe« füllen sich mit Stoff.

Sechste Phase: Die »Brille« beginnt sich zu füllen. Die unteren »Höfe« füllen sich weiter.

Siebte Phase: Die »Brille« füllt sich weiter.

Achte Phase: Die »Brille« ist ausgefüllt.

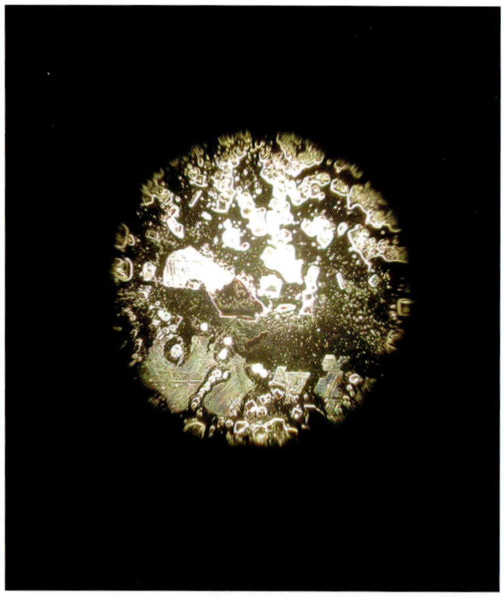

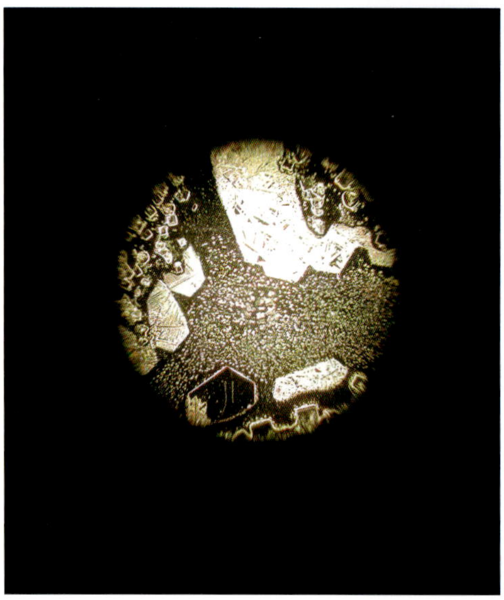

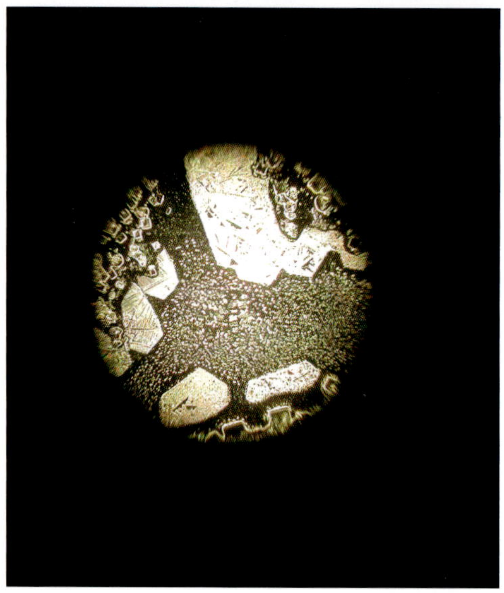

Trocknungsvorgang im Detail. Man sieht links unten bei 7 Uhr den offenen »Hof«, etwa 30 Sekunden später (rechts im Foto) ist er schon gefüllt.

Weihwasser.

Schwarzen Meer, dann ist bemerkenswert, dass bei einem einzelnen Kristall im Wasser zunächst ein Lichtkubus mit einem deutlich sichtbaren Rand entsteht, der sich während des Trocknens nach und nach mit Substanz füllt. Die Form ist also zuerst da, und das ganze Innere ist zunächst leer. Nachdem die Form durch den Rand markiert wurde – ähnlich wie bei den Formen zum Ausmalen in einem Kindermalbuch –, füllt sich die Form nach und nach und kristallisiert aus. Nach dem Trocknungsvorgang ist die zuvor definierte Salzkristallform mit kristallinen Anordnungen ausgefüllt. Laotses Paradigma trifft also zu. Dies zeigen die Bilder Seite 51 und 52.

Ein weiteres Salzwasser, das wir untersucht haben, ist ein spezielles Weihwasser. Hier entstehen während des Trocknungsvorgangs pyramidenartige Strukturen. Die Versuche zeigen die Verschiedenartigkeit von Salzkristallen und deren Schönheit im untersuchten Weihwasser.

Resümee: Wasser hat verschiedene Gesichter, es scheint uns im Mikroskop »entgegenzuschauen« und offenbart dabei einen Teil seiner Natur, seines Wesens. Vordergründig ist die Verschiedenartigkeit der Bilder durch Sedimentations- und Kristallisationsprozesse zu erklären. Salz wirkt im Tropfen als Strukturbildner. Bei der Kristallbildung geht immer, wie bei den meisten schöpferischen Tätigkeiten, die Form dem Stoff voran.

Wasser – Was eingetaucht wird, bildet sich ab

Bilder zu Steinen, Pflanzen und der Zeit

VERÄNDERUNG DER WASSERBILDER DURCH EINGELEGTE SUBSTANZEN

Nun wollen wir nachsehen, ob das Wasserbild sensibel gegenüber Veränderungen durch eingelegte Substanzen ist und diese durch Bildveränderungen anzeigen kann. Wie in unseren Versuchen so oft, beginnen wir mit einem unwahrscheinlichen Phänomen: Wir schauen nach, ob es Bildveränderungen infolge eines eingelegten Rosenquarzes in Wasser gibt, obgleich uns bekannt ist, dass sich ein Rosenquarz nicht in Wasser auflöst. Andererseits trinken viele Menschen Wasser mit eingelegtem Bergkristall, Rosenquarz oder anderen Kristallen und berichten von dessen positiver Wirkung auf Wohlbefinden und Organismus (Gienger 2006).

Wir legen also ein festes Stück Rosenquarz in ein Glas mit Leitungswasser und entnehmen nach 24 Stunden Proben, mit denen wir unsere Wasserbilder unter dem Dunkelfeldmikroskop herstellen. Nach dem Trocknen sieht man einen deutlichen Unterschied, wenn man Wasser ohne Rosenquarz (Referenzwasser) mit dem Wasser mit eingelegtem Rosenquarz vergleicht. Man sieht deutlich das ausgeprägte Zentrum und die Punktewolke um das Zentrum, die im Referenz-Leitungswasser nicht vorhanden sind (Siehe Fotos Seite 55 oben und Mitte).

Wir überlegen: Erstens: In jeder beliebig entnommenen Probe des Rosenquarz-Wassers muss sich also die Information befinden, die diese Struktur hervorbringt. Zweitens: Wenn dies eine Wirkung auf eine Person hat, die es trinkt – wie berichtet wird –, dann muss der menschliche Körper diese Information »lesen« können. Mehr davon in Kapitel 6, Seite 91.

Tatsache ist also: Legen wir einen festen Edelstein (kein Steinmehl) wie Rosenquarz in ein Wasser ein, so können wir eine bleibende Strukturveränderung im Tropfenbild feststellen. Und wir können auch ermitteln: Verschiedene Kristalle hinterlassen verschiedene Strukturen im Tropfenbild.

Nun gehen wir einen Schritt weiter und legen Lebendiges in Wasser ein, also beispielsweise Samen, Früchte oder Äste. Beginnen wir mit einer Bartnelkenblüte. Wir legen sie in Wasser ein, und nach 10 Minuten nehmen wir eine Wasserprobe aus dem Versuchsglas. Dann beobachten wir die Tropfen beim Trocknen und stellen bei fast allen der 14 Tropfen gleichartige Strukturen fest. Diese Bartnelkentropfen zeigen eine typische Signatur, die das übliche Leitungswasserbild deutlich dominiert.

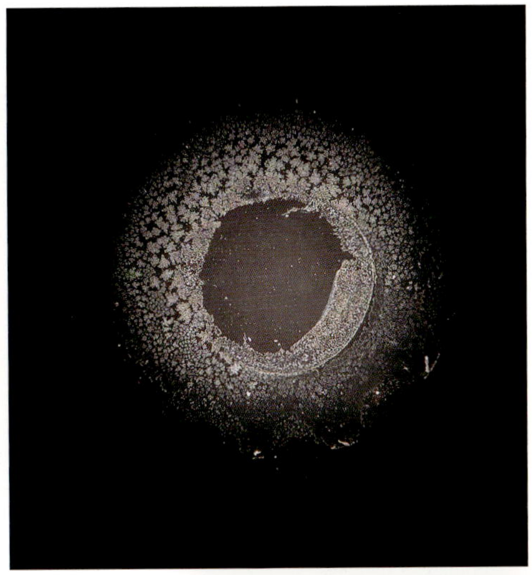

Referenzwasser (Leitungswasser) ohne Rosenquarz, rechts zwei Tropfen des Wassers mit eingelegtem Rosenquarz.

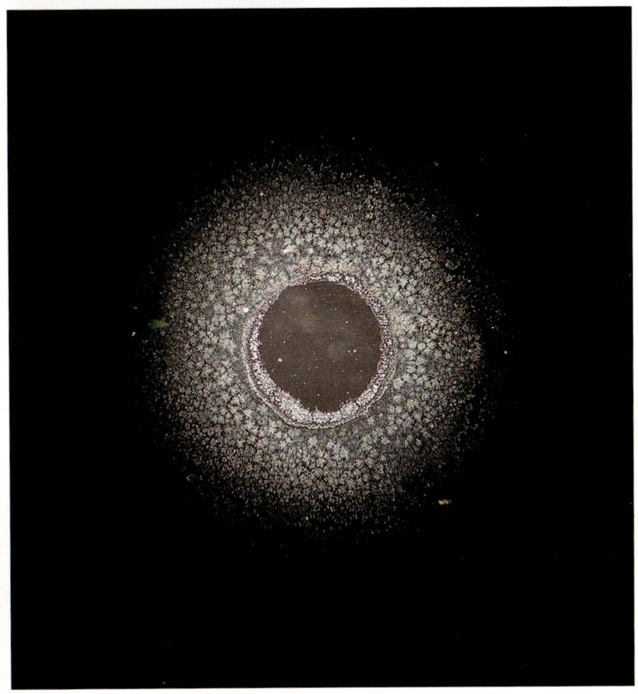

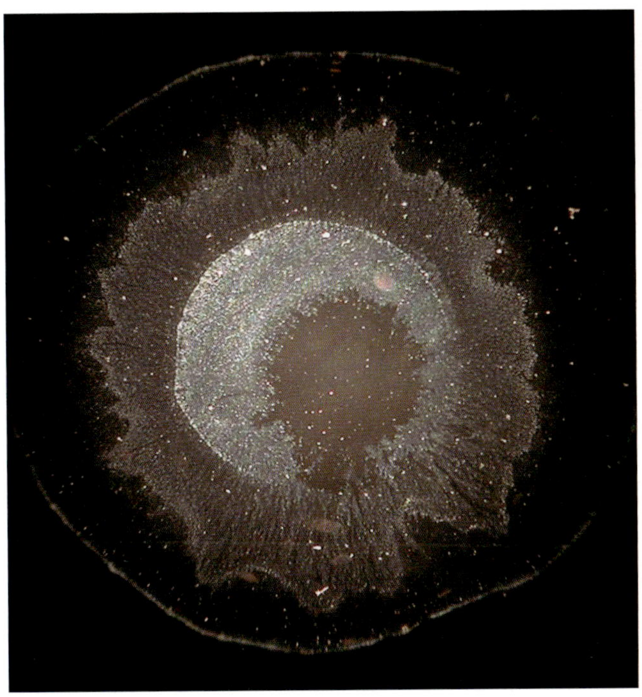

Volvic-Wasser, in das ein Tag lang ein Bernstein eingelegt wurde.

Tropfenreihe mit vier Tropfen eines Wassers mit eingelegter Bartnelke.

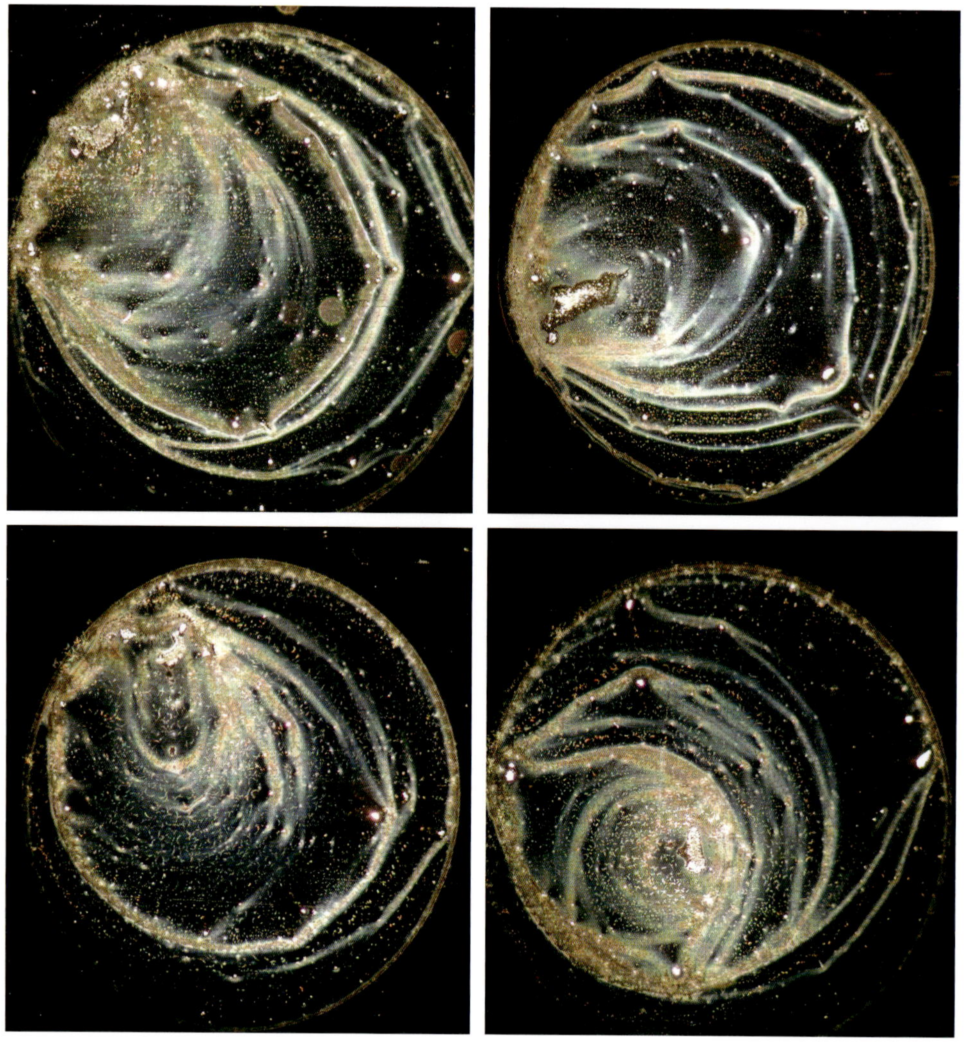

Jetzt nehmen wir das gleiche Ursprungsleitungswasser und legen dieses Mal eine Nachtkerzenblüte hinein. Und mit Verblüffung sehen wir, dass sich die Struktur ändert und eine andere, für die Nachtkerze übliche Form entsteht.

Das heißt also, das Wasser »merkt« sich über eine bestimmte Zeit eine Information, die dem ursprünglichen Wasser hinzugefügt wurde. Natürlich haben sich sicherlich auch Pflanzensäfte im Wasser gelöst, aber erklärt dies die Anordnung und das Bild? Es muss also Kräfte geben, die immer eine ähnliche Struktur herstellen, und diese müssen aus der Pflanze selbst kommen.

Die Frage, ob denn diese Bilder nicht Zufall seien, wird beantwortet durch die Systematik, mit der diese immer wieder entstehen, also durch die abbildbare Ähnlichkeit. Wenn mehrere Bilder mit demselben Wasser zur selben Zeit am selben Ort von derselben Person gemacht wurden und wir diese miteinander vergleichen und sie eindeutig zu einer Serie gehörig wiedererkennen können, so sprechen wir von der besagten Ähnlichkeit. Der Grad der Ähnlichkeit kann verschieden sein, je nachdem, ob die Übereinstimmungen extrem hoch oder »nur« hoch sind.

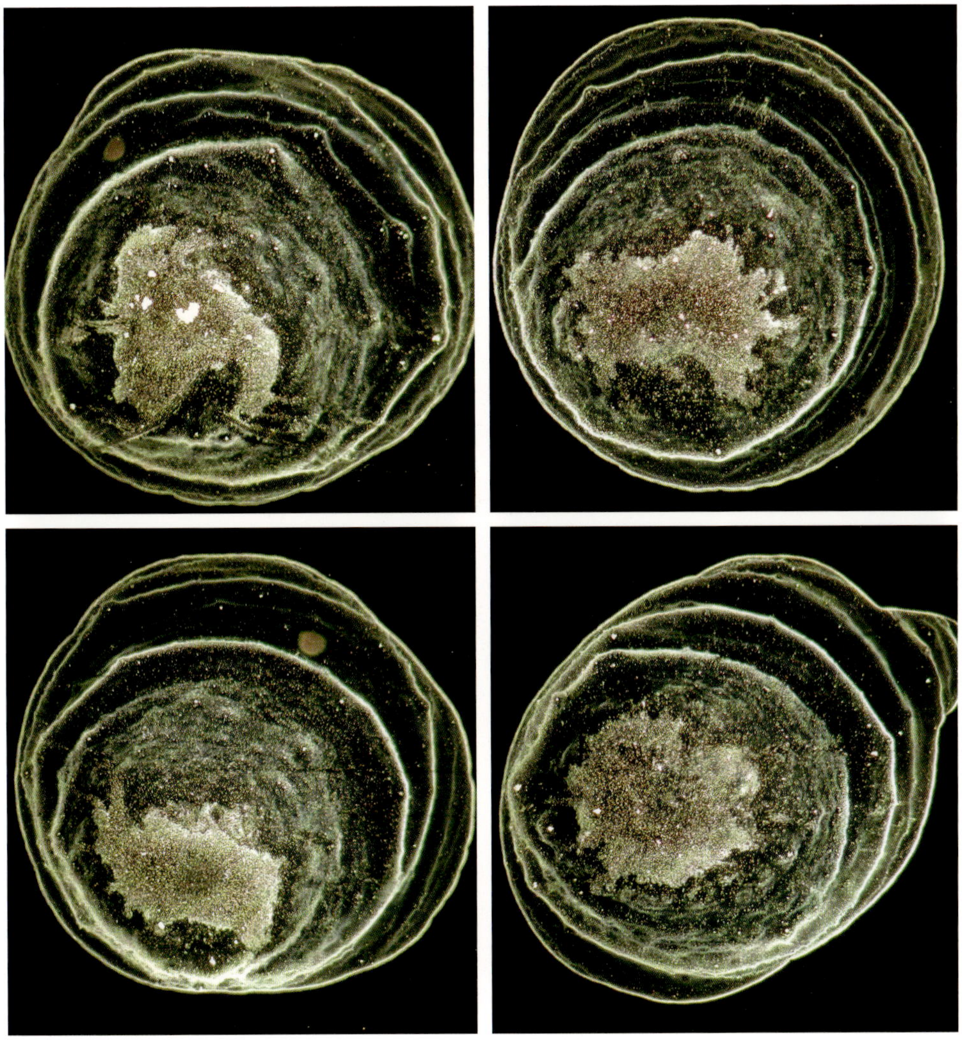

Vier Tropfen von Wasser mit eingelegter Nachtkerze.

Selbst wenn sich die Bilder des Wassers mit Bartnelke und Nachtkerze oberflächlich entsprechen (keine zentrierte Trocknung, keine Verästelung, ausgefüllte Mitte), so erkennt man doch sofort, dass es sich um zwei verschiedene Untersuchungsobjekte handelt. Man kann im Wasserbild die Bartnelke von der Nachtkerze unterscheiden, weil die bildliche Anordnung für jede Pflanze typisch ist. Obgleich die einzelnen Bilder im Detail nicht identisch sind, fällt es nicht schwer, sie wegen ihrer Gleichartigkeiten dem jeweiligen Wasserversuch »Bartnelke« bzw. »Nachtkerze« zuzuordnen.

Zum Vergleich legen wir als dritten Versuch eine Petunienblüte in Wasser ein und sehen am Tropfenbild die Einwirkungen der Pflanze auf das Wasser, das sich deutlich von den zuvor gezeigten Aufnahmen der Bartnelke und Nachtkerze unterscheidet.

Petunienblüte in Wasser eingelegt.

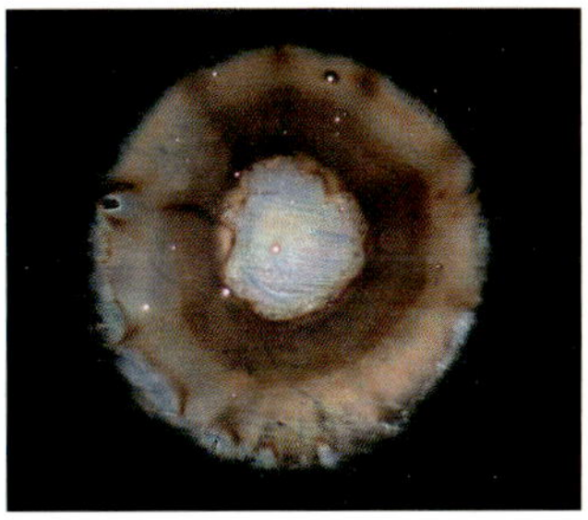

Jetzt wenden wir uns dem Myrrhenwasser zu. Hierzu wurde Myrrhe sieben Tage lang in Wasser eingelegt und danach untersucht. Wieder sehen wir auf dem Foto Seite 58, dass die Tropfen nicht genau gleich, aber einander sehr ähnlich sind. Der Rand mit dem leuchtenden, bruchstückhaften Gitternetz und das helle Innere unterscheiden sich zwar von Tropfen zu Tropfen, sind aber innerhalb der »Tropfenfamilie« bei der

Myrrhe in Wasser.

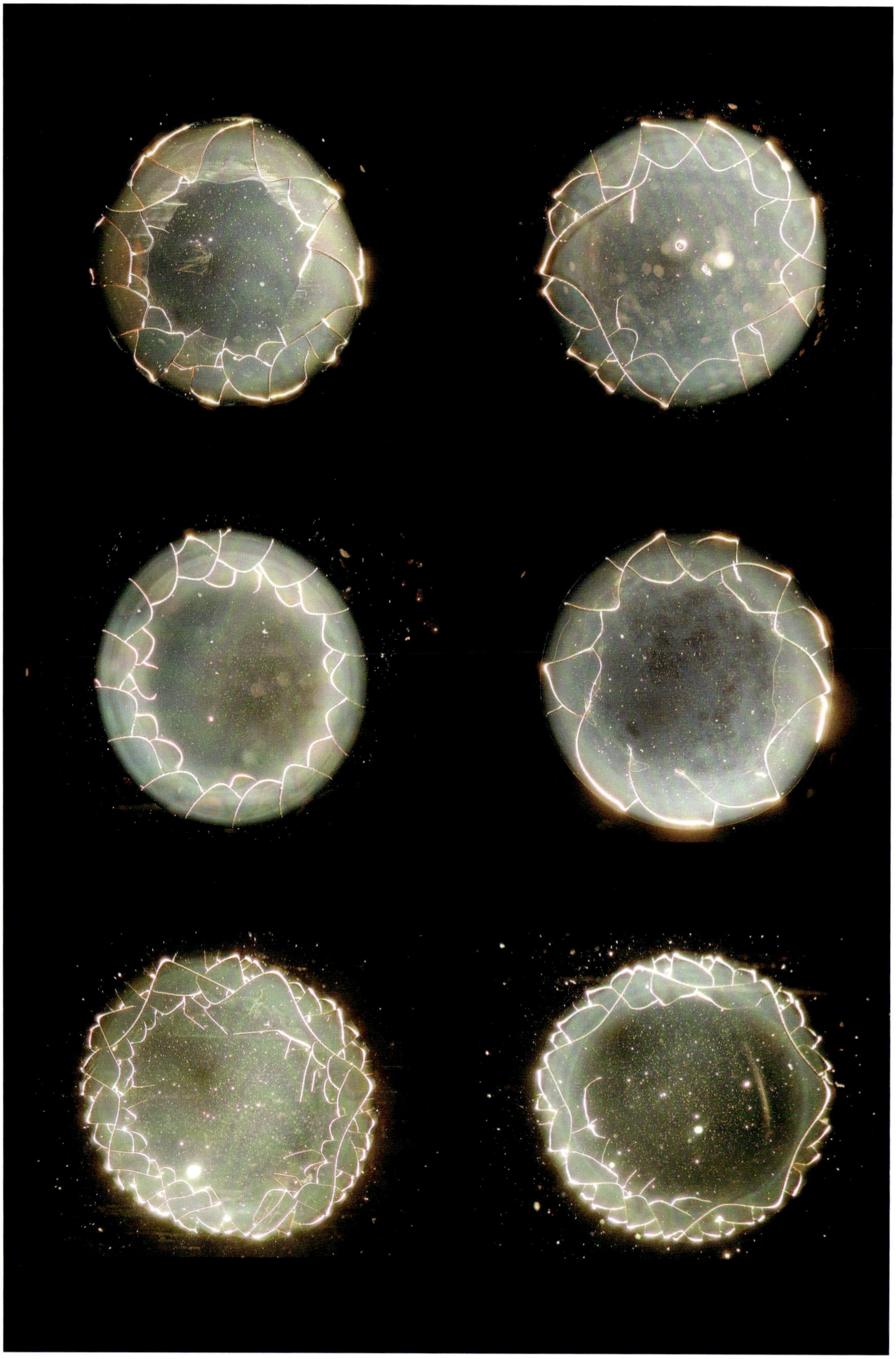

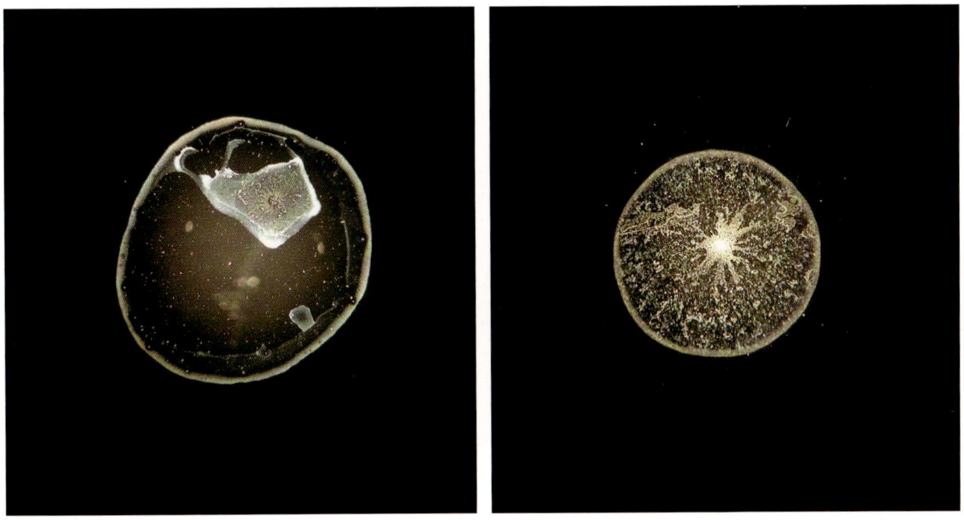

Gladiole in Wasser, links Stängel aufrecht, rechts Stängel verkehrt herum in Wasser – ohne Blüte.

Myrrhe im Wasser gleichartig. Auch hier kann man die Bilder gut dem einen Versuch zuordnen.

Die Tropfen der unterschiedlichen Pflanzenversuche sind bei aller Verschiedenheit einander doch global sehr ähnlich. Wieder kann man Informationen oder Informationsfelder (wie im Exkurs über »Stoff und Form« auf Seite 50 angerissen) vermuten, die im Wasser und im flüssigen Tropfen gewirkt haben, die Bildpunkte an bestimmten Stellen positioniert und schließlich trotz aller lokalen Bewegung im Wasser beim Trocknen zu diesen vergleichbaren Bildern geführt haben. Das Wasser bewegt sich beim Trocknen, auch durch die Wärme der Mikroskoplampe entstehen sichtbare Strömungen. Trotzdem sind die Bilder verschiedener Versuche mit dem jeweils gleichen Versuchswasser einander sehr ähnlich. Es muss also ein strukturiertes Informationsfeld im flüssigen Tropfen geben, das sich dort zwanglos ausbreitet und zu diesen Bildern führt. Dabei mag auch die Polarität des Wassers eine Rolle spielen.

Die Verschiedenartigkeit lässt sich mit dem Lebendigen vergleichen: Wir sind alle Menschen, und doch gleicht keiner dem anderen. Gleichzeitig bedeuten unsere Versuchsresultate aber auch, dass man von einer Untersuchungsmethode mittlerer Reichweite sprechen kann: Wir sehen damit von der Welt einen gewissen kleinen Ausschnitt. Aus diesem ziehen wir unsere Erkenntnis – und eine davon ist, dass wir von einer Merkfähigkeit des Wassers sprechen können.

Das Lebendige bildet sich also im Wasser ab. Die nächste Frage ist, ob die Pflanze auch ihren Zustand dem Wasser mitzuteilen vermag. Solche Versuche zur Kommunikation von Pflanzen mit der Umgebung wurden bereits früh von Cleve Backster durchgeführt und später auf das Kommunikationsverhalten von Zellen übertragen (Stone 1989). Wir machen einen einfachen Versuch nach einer Idee von Dr. Inge Just Nastansky. Wir stellen den Stängel einer Gladiole aufrecht in Wasser, sodass die Wachstumsrichtung nach oben zeigt, und nehmen unsere Wasserproben. Anschließend drehen wir den Stängel um, sodass er auf dem Kopf in einem anderen, aber derselben Wassersorte zugehörigen Wasser steht. Der Stängel hat keine Wurzeln und keine Blüten.

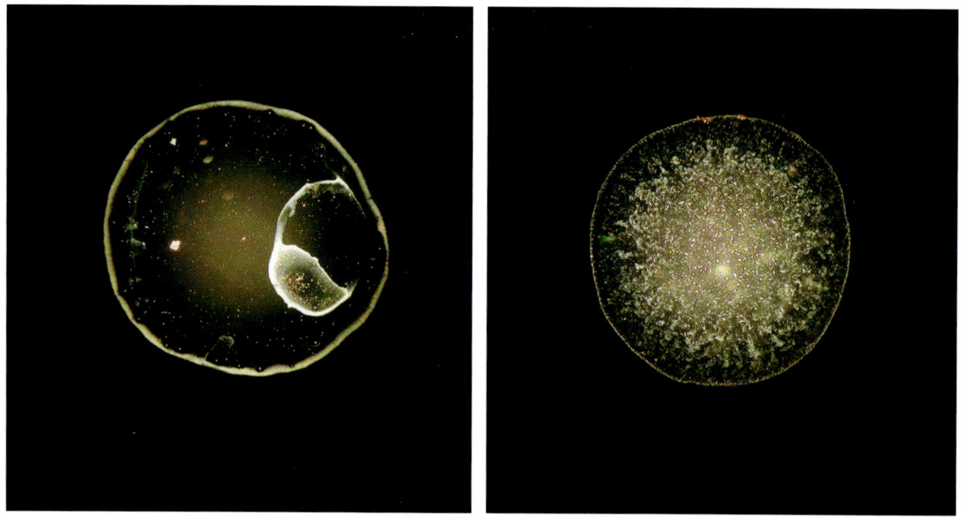

Sonnenblumenstängel korrekt (aufrecht) ins Wasser gestellt (links) und auf dem Kopf ins Wasser gestellt.

Der aufrecht stehende Stängel zeigt eine beruhigte, kleine Aktivitätszone in den Tropfen, die scheinbar um den Stängel angeordnet ist, als Signatur. Beim auf dem Kopf stehenden Stängel scheint es, als ob der Stängel ruft: »Hilfe, ich stehe falsch herum.« Auch wenn man diese Beobachtung nicht so dramatisieren möchte, so fällt doch auf, dass das gesamte Tropfenbild mit Struktur und Aktivität gefüllt ist! Was will der Stängel der Umgebung sagen? Auf jeden Fall in beiden Situationen etwas Unterschiedliches.

Ein Versuch ist kein Versuch, heißt die Devise der Experimentatoren. Also haben wir diesen Versuch mit Sonnenblumen wiederholt – und wieder zeigt das Wasser an, ob wir die Pflanze korrekt herum mit der Blütenrichtung nach oben oder falsch herum mit der Blütenrichtung nach unten ins Wasser gesteckt hatten.

Da jeder beliebige Tropfen im Versuchswasser, in dem der Stängel gesteckt hat, diese Information enthält, kann man sagen: Das Wasser ist mit dieser Information versehen. Wenn Lebewesen diese Information lesen könnten, so könnten diese darauf schließen, wer im Wasser ist, beziehungsweise, was derjenige mitteilen möchte. Bisher ist die Reichweite dieser Informationsübertragung nicht bekannt. Es ist aber nicht ausgeschlossen, dass man zum Beispiel einen Kürbis in einen See werfen könnte und alle, die die Information lesen können, wüssten, dass sich ein Kürbis in diesem See befindet.

VERÄNDERUNG DER WASSERBILDER MIT DER ZEIT

Verändert sich das derart informierte Wasser mit der Zeit? Altert die Information? Die Antwort ist: Ja! Um vergleichbare Bilder zu erhalten, muss man das Wasser also stets zum selben Zeitpunkt nach einer verändernden Einwirkung fotografieren. Dieses kann man an den folgenden Versuchen nachvollziehen:

Wir kommen zurück auf den Versuch mit der Myrrhe (siehe Seite 57). Die Bilder entstanden sieben Tage nach dem Einlegen der Myrrhe. Fotografieren wir früher oder zu einem späteren Zeitpunkt, ergeben sich andere, wieder untereinander vergleichbare Bilder. Ähnlich verhält es sich bei einem Versuch mit Liebstöckel (siehe Foto Seite 62 unten links und rechts). Das Wasser behält also nicht nur die Information, sondern es verändert die Strukturen mit der Zeit, man kann von einem »Vergessen« der Information sprechen. Die hier ablaufenden Vorgänge mögen chemischer oder physikalischer Natur sein. Sie bedürfen weiterer Untersuchung. Wir begnügen uns mit der Erkenntnis, dass wir bei unseren Untersuchungen hinsichtlich des Zeitpunkts präzise sein müssen und nicht verallgemeinern dürfen.

Betrachten wir Myrrhe- und Liebstöckelwasser nach einigen Tagen, so ist dem Foto auf der rechten Seite eine zeitliche Folge überlagert worden. Das Tropfenbild einer eingelegten Pflanze unterscheidet sich deutlich, wenn die zeitliche Einlegedauer der Pflanzen erhöht wurde, also die Pflanze länger im Versuchswasser gelegen hat. Wir haben dies mit Blüten weiterer Pflanzen wiederholt, um die Einwirkdauer der Substanzen auf das Wasser als wichtige Komponente der Strukturbildung zu dokumentieren.

Hier ein weiterer Versuch zur zeitlichen Veränderung: Eine gelbe Chrysanthemenblüte wurde einmal einen Tag und einmal vier Tage ins Wasser gelegt und dann jeweils fotografiert. Man sieht, dass das Wassertropfenbild in seiner Struktur nach vier Tagen homogener geworden ist.

Betrachtet man die Vorgänge in der Natur, so wird also einerseits die aufgenommene Information mit der Zeit verändert, zum anderen werden immer wieder neue Informationen hinzugefügt. Stellen Sie sich vor, wie der Rhein von der Quelle bis zur Mündung

Resümee: Wir können festhalten, dass Wasser mit sich »trägt«, was es erlebt hat. Dies oder besser ein Teil davon kann mit Hilfe der Tropfen unter dem Dunkelfeldmikroskop dokumentiert werden. Die Bilder verändern sich mit der Zeit, das heißt, Informationen werden »vergessen«, neue werden hinzugefügt. Das bedeutet: Ein Fluss wäre ein riesiger Datenspeicher, der von seiner Quelle bis zur Mündung Informationen aufnimmt und sammelt. Der Rhein nähme während seines Laufs unzählige Informationen auf, und die Holländer könnten diese Informationen an der Mündung lesen, wenn sie die Informationen nur decodieren könnten ...

Die Zeit als wirkender Faktor: Myrrhe einen Tag bzw. sieben Tage eingelegt (obere Reihe, links und rechts). Liebstöckel eine Stunde und zwei Tage eingelegt (untere Reihe, links und rechts).

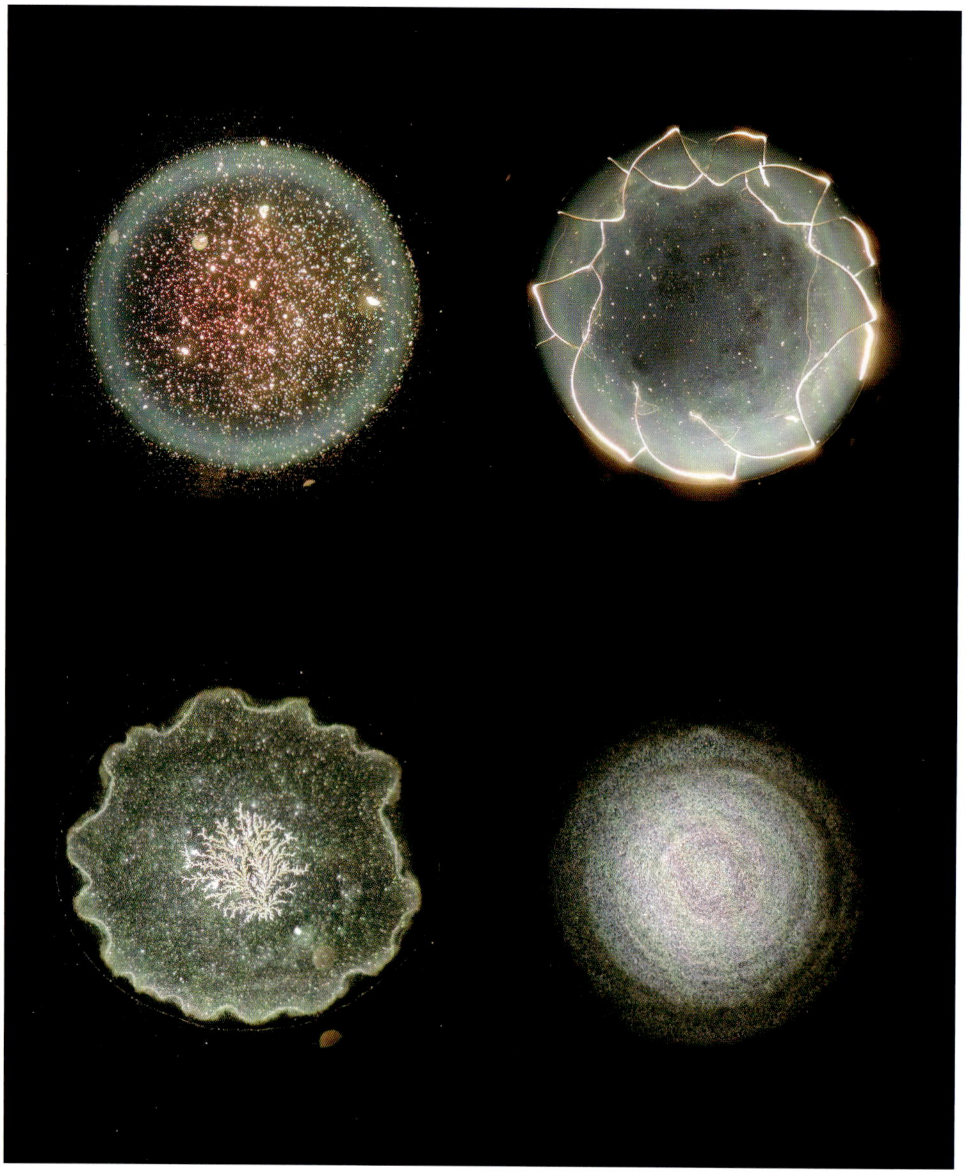

ständig neue Informationen aufnimmt, die alten überlagert, sodass diese verschwinden, und dabei allem Leben in ihm diese Informationen zur Verfügung stellt. Würden Sie das Wasser an der Mündung trinken, würde es Ihrem Körper das Rheinerlebnis in größter Fülle verschaffen – leider vermutlich auch mit allen schädlichen Stoffen inklusive.

Spinnt man diesen Gedankengang kurz weiter, dann ist jede Quelle, jede Regentonne und jede Pfütze voll von verschiedenen Informationen, die das Wasser festhält. Ein Pfützenwasser aus dem Wald enthält unabhängig von den gelösten Stoffen die Informationen der umstehenden Bäume, des gefallenen Laubes, der kleinen Pflanzen und Setzlinge, des frischen Grases und der vielfältigen Pilze. Das Straßenwasser liefert ein Bild von der Stadt mit Staub, Regenwasser und Öl.

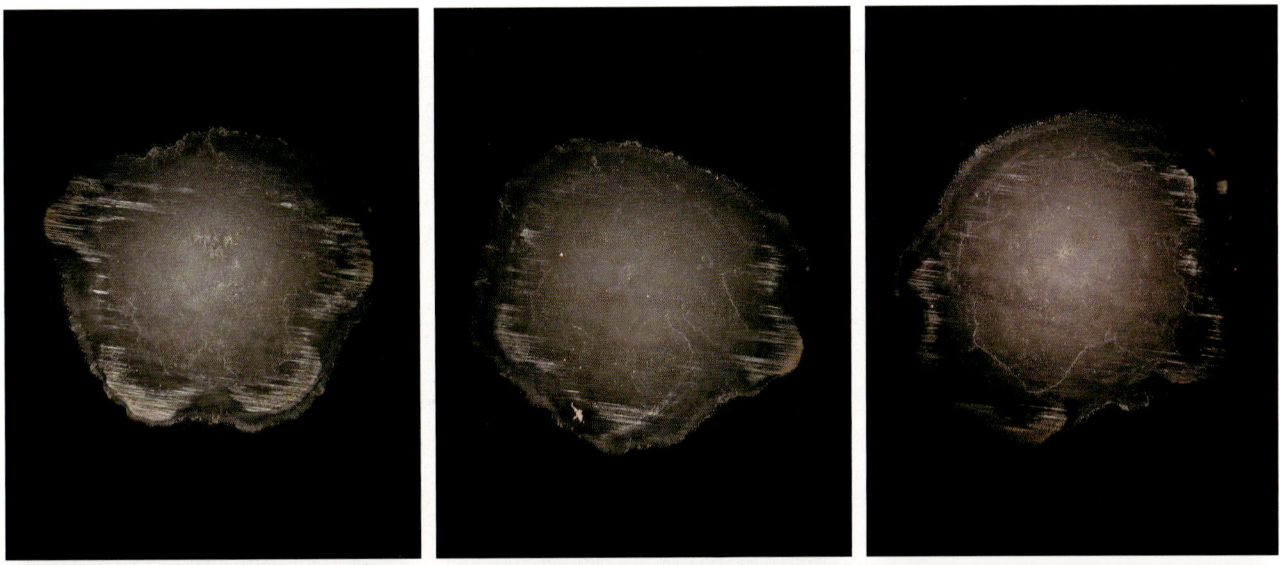

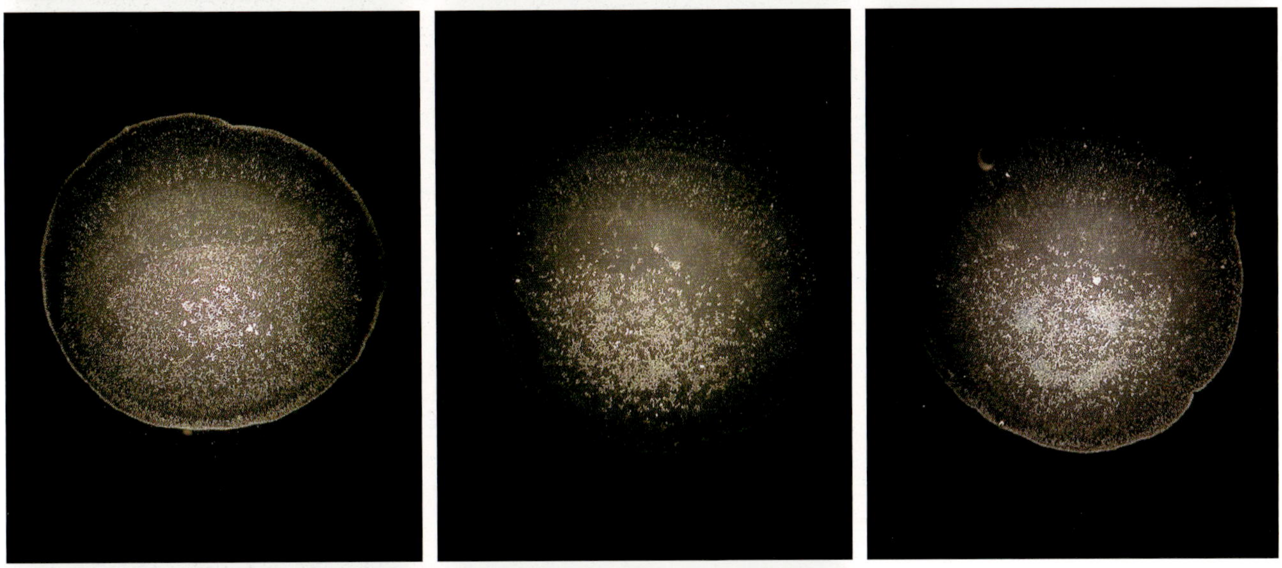

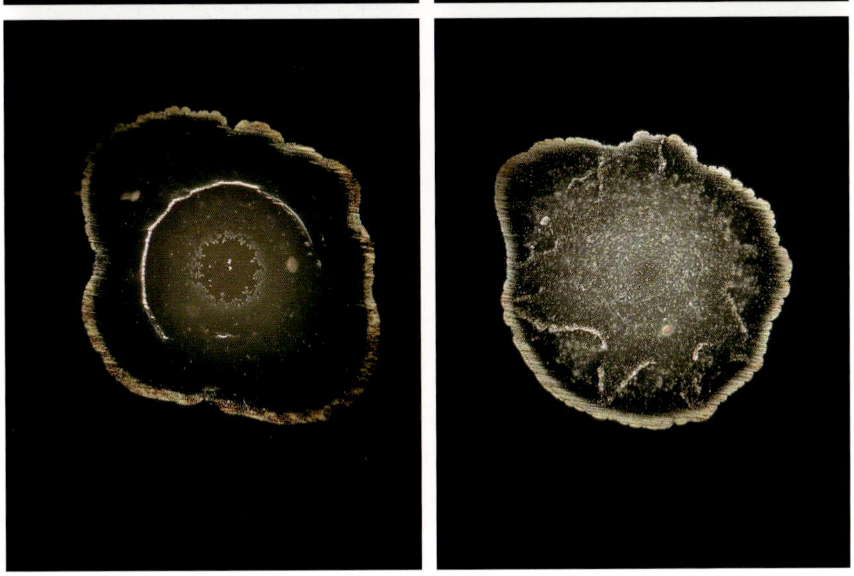

Gelbe Chrysantheme, ein Tag im Wasser (obere Reihe).

Gelbe Chrysantheme, vier Tage im Wasser (mittlere Reihe).

Pfützenwasser aus einem Wald (links unten) und von einer Teerstraße (rechts unten).

3

Wasser und elektromagnetische Wellen

Mobilfunkstrahlung, Röntgen – Wir nehmen wahr, wo keine Sinne sind

In der nächsten Stufe der Untersuchung setzen wir das Wasser elektromagnetischen Wellen und Schallwellen aus. Die Frage ist: Kann Wasser »hören«? Oder genauer gesagt: Verändern die Wellen das Tropfenbild? Die Folge wäre, dass unsere lebendige Welt, also die Qualität und das Wachstum der Pflanzen sowie wir in unseren körperlichen (und geistigen) Steuerungsprozessen davon beeinflusst werden könnten, da Lebewesen zu mehr als 70 Prozent aus Wasser bestehen. Es ergäben sich Fragen zur Gesundheit und zur Lebensqualität. Solche schwachen Feldwirkungen, zum Beispiel vom Mobilfunk, werden seit Jahren kontrovers diskutiert.

ELEKTROMAGNETISCHE WELLEN VON MOBILTELEFONEN

Beginnen wir mit den elektromagnetischen Wellen des Mobilfunks: In unseren Versuchen gehen wir diesem Phänomen in sehr einfacher und prinzipieller Form nach, wohl wissend, dass es viele Bandbreiten und Messmethoden wie beispielsweise die Spezifische Absorptions-Rate (SAR) gibt, die zu vielen wissenschaftlichen Veröffentlichungen und kontroversen Diskussionen geführt haben. Bei SAR wird die elektrische Erwärmung des Körpers oder eines Körperteils in Watt pro Kilogramm gemessen, die als ein Maß für die Schädigung des Gewebes gilt. Wir hingegen messen nicht die Erwärmung des Körpers, sondern uns geht es um die Veränderung im Wasser, also um eine »Verstimmung« des Wassers durch den Einfluss der Wellen. Diese müsste im Tropfenbild unter dem Dunkelfeldmikroskop sichtbar sein. Wenn das so ist, denken wir, wirkt die Wasserstruktur auch auf die Körperfunktionen und die Körpersteuerung ein.

Dazu haben wir uns einen einfachen Versuch ausgedacht. Wir füllen einen gewöhnlichen Kochtopf mit Wasser. In diesem Kochtopf befestigen wir ein Handy so, dass es über der Wasseroberfläche »schwebt«. Der Kochtopf ist deshalb nützlich, weil er wie ein Faradaykäfig wirkt, indem er verhindert, dass sich das Handy abschaltet. Dieser Quasi-Faradaykäfig stellt sicher, dass das D-Netz-Handy auf maximaler Sendeleistung von 2 Watt bleibt. Durch den simulierten »schlechten Empfang« im Kochtopf wird das Handy dazu motiviert, sich ständig einzuschalten und zu senden – und genau das wollen wir erreichen, denn es sendet über unserem Versuchswasser im Topf. So können wir das Versuchswasser 15 Minuten lang mit Handystrahlung »beschallen«.

Versuchsanordnung mit Topf.

Bevor wir den Versuch starten, entnehmen wir Versuchswasser aus dem Topf und fotografieren es unter dem Dunkelfeldmikroskop. Dies ist unser Referenzwasser, das wir dann mit dem Wasser vergleichen, das wir nach dem Versuch aus dem Topf entnehmen. In der direkten Gegenüberstellung können wir dann erkennen, ob es eine Einwirkung und Strukturveränderung gegeben hat oder nicht.

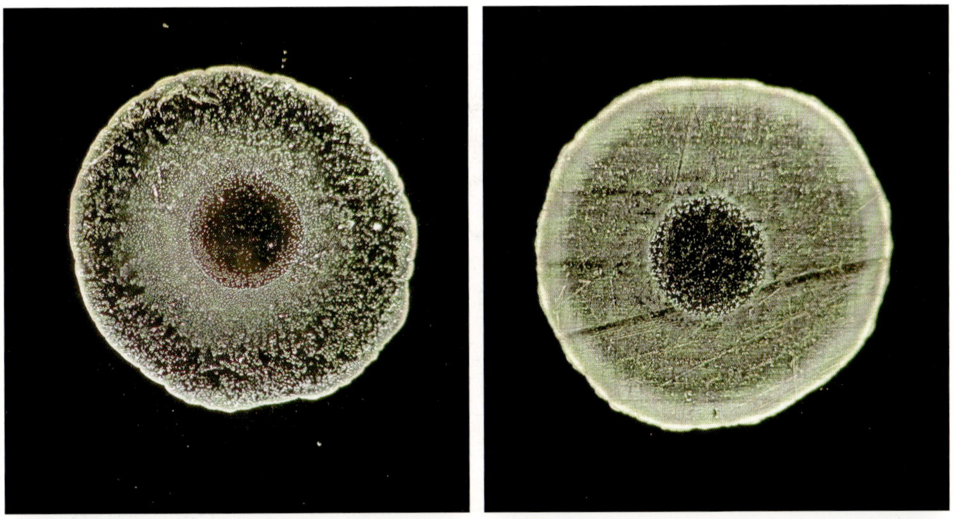

Wasser vor (links) und nach (rechts) Handystrahlung.

Speicheltropfen vor und nach einem zweiminütigen, wortlosen Handytelefonat.

Das Tropfenbild vor dem Versuch (oben links) zeigt in der Mitte einen schwarzen Fleck oder ein Loch, wird am Rand heller mit leichten Strukturen im äußeren Bildrand. Das entnommene Versuchswasser nach einer 15-minütigen Handybestrahlung zeigt eine deutliche Veränderung: Wir finden zwar noch das mittig angeordnete schwarze Loch, aber die zuvor am Rand angeordnete schwarze Färbung ist verwischt, die Tropfenstruktur ist »milchiger«, und der Rand ist breiter geworden. Die Mobilfunkstrahlung zeigt also eine Veränderung der Wasserstruktur im Tropfenbild.

Jetzt haben wir weiter überlegt, wie man die Wirkung auf den Menschen dokumentarisch zeigen kann. Da ein Handy beim Telefonieren am Kopf gehalten wird und dort die Beeinflussung vermutlich deutlich zu sehen sein würde, haben wir ein leicht zugängliches Körperwasser als Versuchswasser gesucht und gefunden: den menschlichen Speichel. Er kann leicht vor und nach einem Handytelefonat mit einer einfachen Einwegspritze aus dem Mund entnommen werden.

Die Bilder (untere Reihe) zeigen Speichel vor und nach einer zweiminütigen Handystrahlung. Dabei wurde das Telefonat nur angenommen, aber nicht gesprochen, um

Vor Handytelefonat (links).

Nach Handytelefonat (rechts).

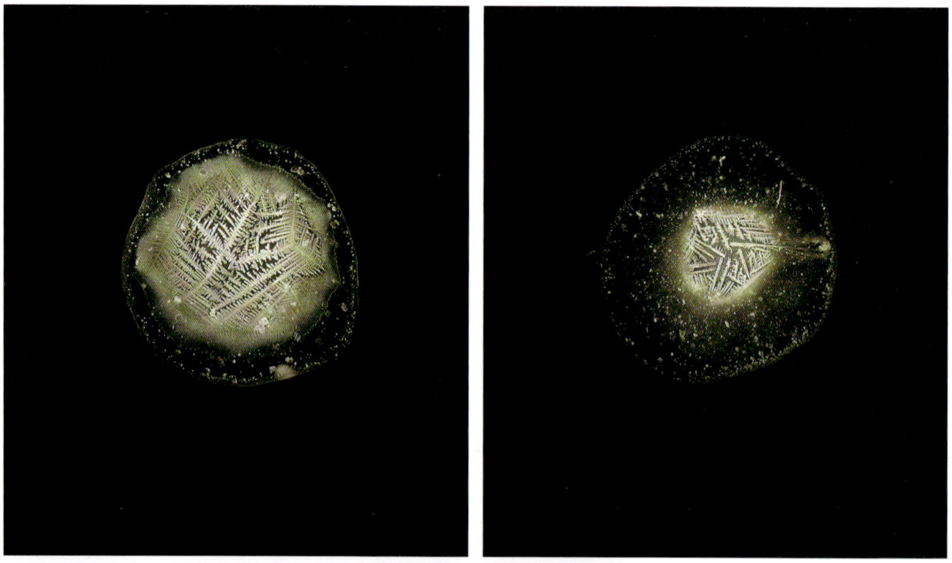

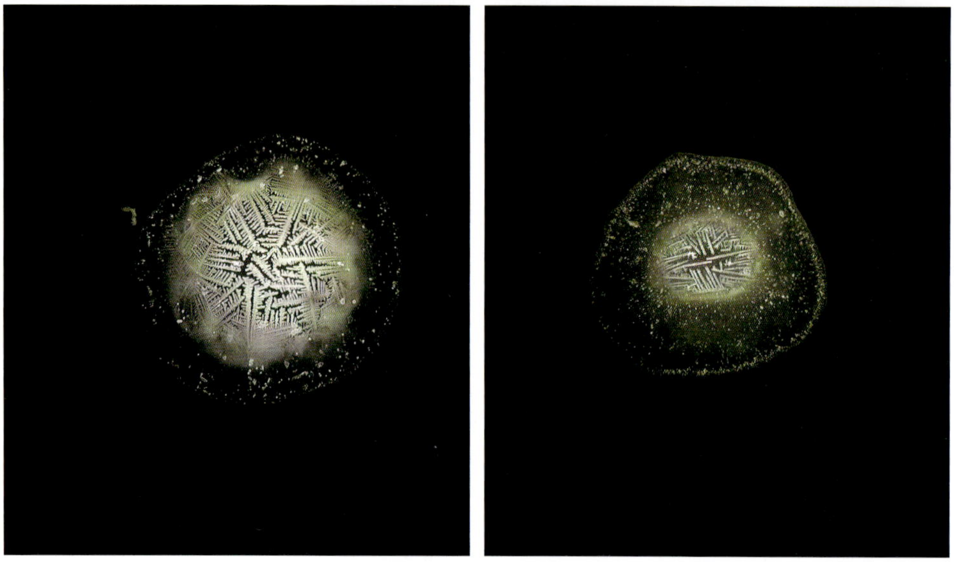

Vor Handytelefonat (links).

Nach Handytelefonat (rechts).

Vor Handytelefonat (links).

Nach Handytelefonat (rechts).

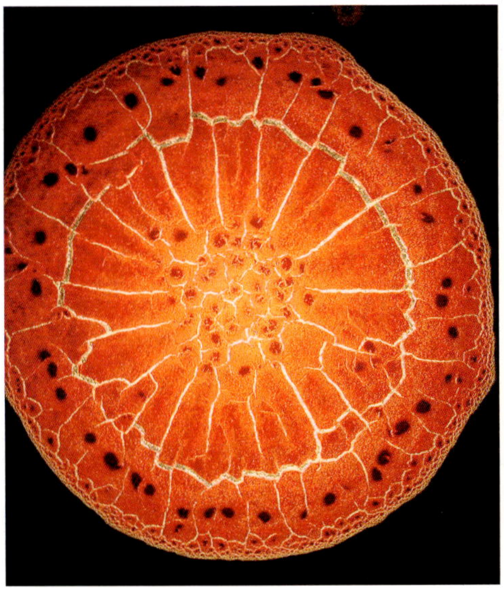 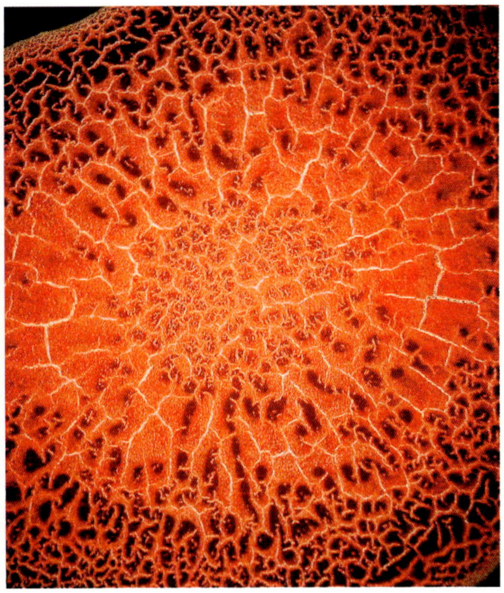

Blutstropfenbild vor und nach einem Handytelefonat von zwei Minuten Länge.

keine weiteren Informationen neben der Handystrahlung durch beispielsweise einen Gesprächsinhalt zu generieren. Hier sieht man deutlich eine Veränderung in der abgebildeten Speicheltropfenstruktur.

Die Struktur im Tropfen nach dem Handytelefonat ist zusammengezogen, verarmt und starrer, fester geworden. Nach unserer Erfahrung bildet sich die persönliche Struktur und Befindlichkeit einer Person im Körperwasser, das heißt in Blut, Speichel, Urin und Lymphen ab. Berücksichtigt man dies, so könnte das Speichelbild nach einem Handytelefonat bedeuten, dass der Körper seine Lebensäußerungen nach innen zurückzieht, mit sich selbst beschäftigt ist und den äußeren Einfluss erst einmal verarbeitet. Bei einem gesunden, vitalen Menschen erholt sich nach unseren Erfahrungen der Speichel im Mund nach einem Telefonat in wenigen Minuten wieder und nimmt das normale, vorherige Strukturbild an. Bei vital schwachen Menschen dauert diese Restrukturierungsphase länger.

Wir haben die Versuche häufig wiederholt, zuletzt im Jahr 2016, um auch die neuesten Generationen der Mobilfunkgeräte in Versuchen abzubilden. Auf Seite 66 sehen Sie einen der aktuellen Versuche von 2016.

In allen Bildern sieht man dieselbe Tendenz in der Strukturänderung.
Ein Versuch mit Blut vor und nach einem Handytelefonat stützt die These, dass alle Körperwässer von den Auswirkungen eines Mobilfunkgespräches betroffen sind. Wir gehen davon aus, dass sich während eines Telefonats die Information innerhalb des Körpers verändert und sich dies in den Tropfen abbildet. Die Informationsveränderung zeigt sich auch im Blut.

Bei dem Versuch dazu wurde einem Probanden vor und nach einem zweiminütigen Handygespräch Blut (Kapillarblut aus dem Finger) entnommen und auf einem Objektträger aufgetropft. Wieder wurde bei dem Telefonat auf Gesprächsinhalte verzichtet, es ging um die reine Strahlungsübertragung. Unter dem Dunkelfeldmikroskop zeigen sich deutliche Veränderungen in der Struktur (siehe Fotos oben).

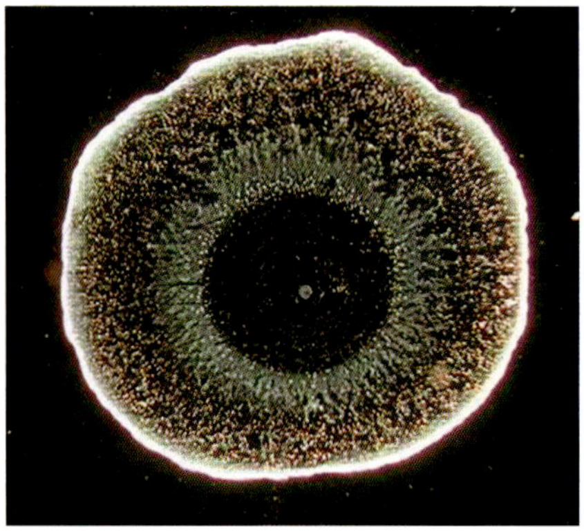

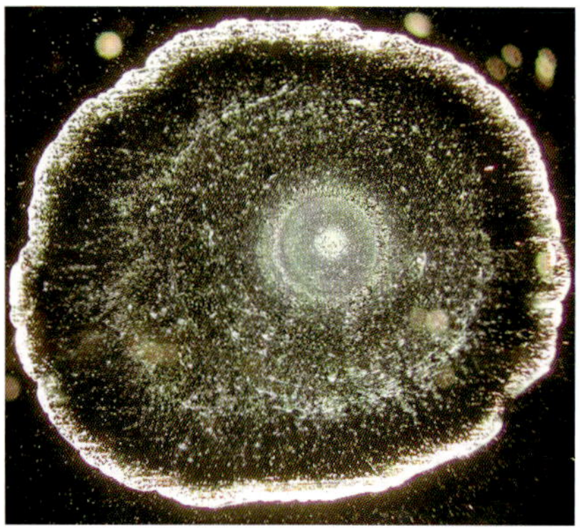

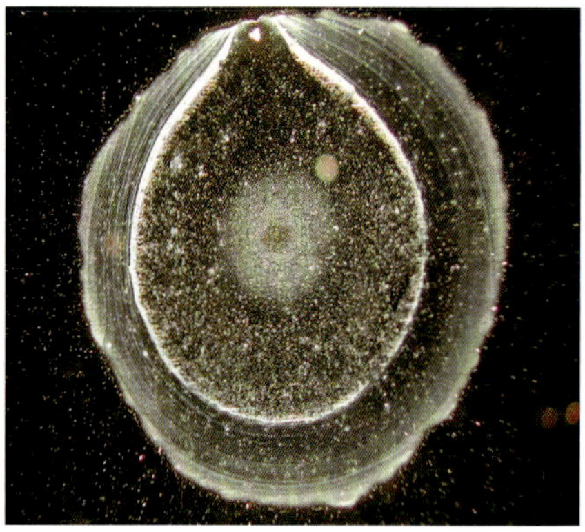

Referenzwasser (links).

Referenzwasser mit Salat (Mitte).

Referenzwasser mit handybestrahltem Salat (rechts).

Versuch »Salat hört Handy«

Jetzt möchten wir wissen, ob auch Pflanzen, die natürlicherweise reichlich Wasser und Säfte enthalten, sensitiv für Mobilfunkstrahlung sind, und ob man dies im Bild unter dem Mikroskop zeigen kann. Als Versuchsobjekt dient ein frischer Kopfsalat.

Zunächst wird eine Probe eines Wassers genommen, das als Referenzwasser dient.Von diesem Wasser werden Tropfenbilder gemacht (siehe Foto links).

Danach wird in das Referenzwasser ein Kopfsalat gelegt und Wasserproben für Tropfenbilder entnommen. Das Ergebnis zeigt das mittlere Foto oben. Man sieht im Tropfenbild, dass sich das Referenzwasser durch den Salat deutlich verändert hat. Die Mitte schließt sich, ein Verhalten, das häufig auftritt, wenn man dem Wasser etwas Lebendiges zuführt. Das Lebendige scheint ein Zentrum zu haben und bildet dieses im Wasser ab.

Anschließend wird ein Kopfsalat erst zehn Minuten lang einer Handystrahlung eines normalen Mobilfunkgerätes (D-Netz) ausgesetzt. Danach wird er in das Referenzwasser gelegt. Die Tropfen dieses Wassers (Foto oben rechts) zeigen deutlich andere Strukturen im Tropfeninneren als das Foto ohne den »bestrahlten« Salat. Man sieht, dass die Handywellen vom Salat aufgenommen wurden und an das Wasser, in dem er liegt, weitergegeben wurden, sodass man sie im Tropfen erkennen kann. Das Augenfälligste ist der Doppelrand, der jetzt entsteht.

Das heißt: Im ursprünglichen Referenzwasser sind jetzt Spuren der Handywellen, die der bestrahlte Salat erst in seinem ihm körpereigenen Wasser (Pflanzensaft) aufgenommen und dann auf das Referenzwasser übertragen hat. Vereinfacht: Der Salat »hört« Handy, speichert diese Information und gibt sie später an das Wasser weiter. Damit ist klar, dass auch das Wasser in den Pflanzen und in uns solche Informationen speichert und weitergibt. Der Versuch zeigt, dass unsere Natur sensibel für jene Informationen ist, sie speichert und weitergibt.

Dieser Versuch wurde auch mit Petersilie durchgeführt. Auch sie hat entsprechende Strukturveränderungen im Tropfenbild nach dem Einfluss von Mobilfunkstrahlen gezeigt.

Speichel vor der Röntgenaufnahme.

Speichel direkt nach dem Röntgen.

Wasser unter Einwirkung von Röntgenstrahlung

Nach unseren Untersuchungen zur Mobilfunkstrahlung wollten wir natürlich wissen, wie noch stärkere Strahlung mit extrem kurzen Wellenlängen, wie zum Beispiel Röntgenstrahlung, auf unser Körperwasser wirkt. Und wie so oft eröffnet das Interesse einen überraschenden Zugang, denn wir hatten zuvor keine Möglichkeit gehabt, mit Röntgenstrahlen zu experimentieren.

Diese Möglichkeit eröffnete sich, als unser Mitarbeiter Bodo zum Zahnarzt musste, und dieser seinen Backenzahn röntgen wollte. Bodo war darauf vorbereitet, zog eine Einwegspritze aus der Tasche und entnahm sich vor der Röntgenaufnahme etwas Speichel aus seinem Mund. Direkt nach dem Röntgen entnahm er sich wieder Speichel und zum dritten Mal tat er dies zwei Minuten nach dem Röntgen.

Im Labor angekommen, wurden die Proben untersucht. Auch wenn die Proben zwei Stunden lang in den Spritzen gelagert waren, zeigten sie trotzdem deutliche Ausprägungen. Es werden hier exemplarisch jeweils vier Tropfen von einem Zustand gezeigt, siehe Fotos Seite 71.

Vor der Aufnahme:
Der Speicheltropfen ist ungewöhnlich dicht in den Strukturanordnungen. Man kann Stress vermuten. Der Speichel an sich ist dünnflüssig.

Direkt nach dem Röntgen:
Das Speichelbild ist deutlich verändert. Die Stabstrukturen ballen sich zur Mitte hin zusammen, die Fläche zwischen Rand und Zentrum ist fast leer und bildet konzentrische Kreise. Dies könnte auf eine Anspannung direkt nach der Aufnahme der Röntgenbilder hinweisen. Auch war dieser Speichel sehr zähflüssig, was zu großen Tropfen führte.

Zwei Minuten nach dem Röntgen:
Das Speichelbild hat sich erneut völlig verändert. Die Testperson empfand zu diesem Zeitpunkt eine Erleichterung und große Ruhe. Dieser Speichel war erneut sehr dünnflüssig, wie auch vor der Röntgeneinwirkung. Bemerkenswert sind die teilweise erkennbaren konzentrischen Kreise zwischen dem breiten Zentrum und dem Rand, sowie die ins Bläuliche gehende Färbung des Zwischengebietes.

Dies zeigt eine deutliche Einwirkung der Röntgenstrahlung auf das Speichelbild.

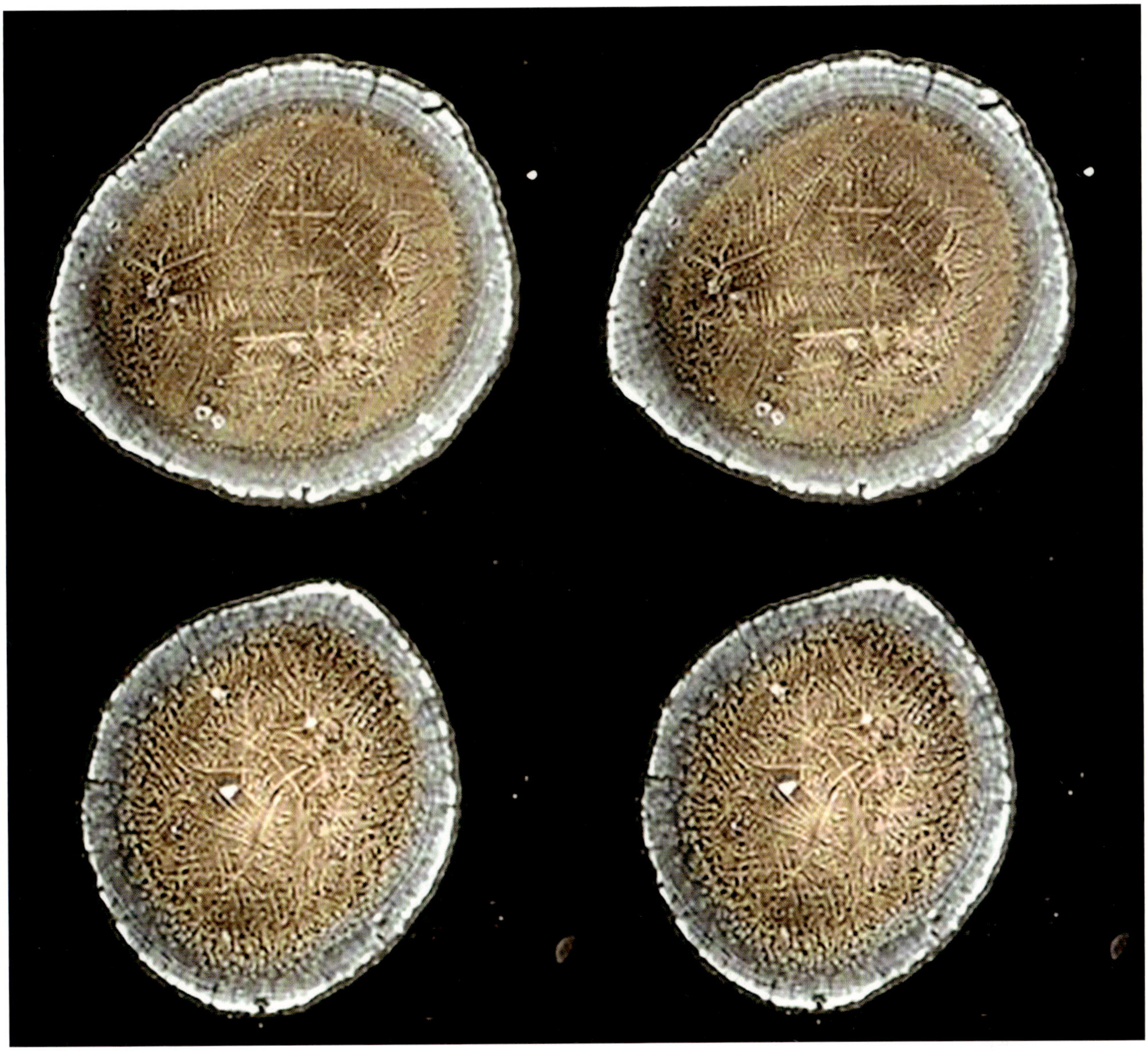

Speichel zwei Minuten nach dem Röntgen.

Resümee: Wasser reagiert generell auf elektromagnetische Wellen und hält diese eine Zeit lang sichtbar gespeichert. Es konnte ebenfalls die Wirkung elektromagnetischer Strahlung an Wasser in Pflanzen und im menschlichen Körperwasser (Blut, Speichel) gezeigt werden. Auch schwache Wirkungen sind im Tropfen sichtbar, sogar, wenn sie von einer Pflanze (Salat) mittelbar auf das Wasser übertragen wurden.

4 Wasser »hört« Musik und Ultraschall

Auch mechanische Wellen hinterlassen Eindrücke

Mit den elektromagnetischen Wellen sind wir durch Wechselstrom, Mobilfunk, Radio und Fernsehen vertraut. Man kann sie sich als transversale Schwingungen vorstellen. Wie ein Korken auf dem Wasser, neben dem ein Stein ins Wasser gefallen ist, gehen die Teilchen senkrecht auf und ab, während sich die Welle horizontal dazu ausbreitet. Hier sind im Wasser wegen dessen elektrischer Polarität Auswirkungen nicht so unwahrscheinlich.

Es gibt auch den großen Bereich der Schallwellen in Luft, Flüssigkeiten und Festkörpern, die allerdings Kompressionswellen sind und die in Gasen und Flüssigkeiten als Longitudinalwellen auftreten. Dabei wird beispielsweise das Luftvolumen zusammengedrückt und entspannt, und die Welle breitet sich in der Bewegungsrichtung der Teilchen aus. Diese Wellen nutzen wir über das Ohr zur Kommunikation, wenn die Frequenz im Bereich zwischen 16 Hz und 20 000 Hz liegt. Der Grundton bzw. Kammerton a liegt bei 440 Hz. Von den Schwingungen, denen der menschliche Körper ausgesetzt ist, ist aber auch der Ultraschallbereich interessant, der zwischen 16 kHz und 1 GHz, also oberhalb der menschlichen Hörschwelle, liegt. Bekannt ist der Ultraschall von der Hundepfeife, die zwar der Hund, nicht aber der Mensch hören kann.

WASSER UND ULTRASCHALL

Ultraschall eignet sich gut, um zu überprüfen, ob Wasser eine Veränderung im Wassertropfenfoto durch eine rein mechanische Schwingungsbeanspruchung erfahren kann.

Mit einem Ultraschallgerät, das man für die Reinigung von Schmuck oder Brillengläsern verwendet, kann man genaue Ultraschallwellen herstellen. In dieses Ultraschall»bad« haben wir nacheinander bei verschiedenen Versuchen Kräuter etwa zehn Minuten in Wasser eingelegt: Myrrhe, Weihrauch, Liebstöckel und Petersilie. Diese Kräuter wurden in einer Metallwanne, quasi im Ultraschallbad, anschließend je sieben Minuten lang mit einer Ultraschallfrequenz (50 kHz) beschallt. Davor und danach wurden Wasserproben genommen und aufgetropft. Am Tropfenbild des Petersilienwassers vor und nach der Ultraschallbehandlung sieht man unter dem Dunkelfeldmikroskop die Einwirkung und damit die Veränderung nach dem Ultraschall besonders deutlich.

Ultraschall bringt eine rein mechanische Schwingung in das Wasser ein. Die dabei zurückbleibenden Veränderungen sind somit nicht elektromagnetischen, sondern kinetischen Ursprungs. Mechanisches Schütteln bewirkt eine bleibende Veränderung im Tropfenbild. Also wird auch die Ultraschallwelle in einer gewissen Form im Wassertropfen abgebildet.

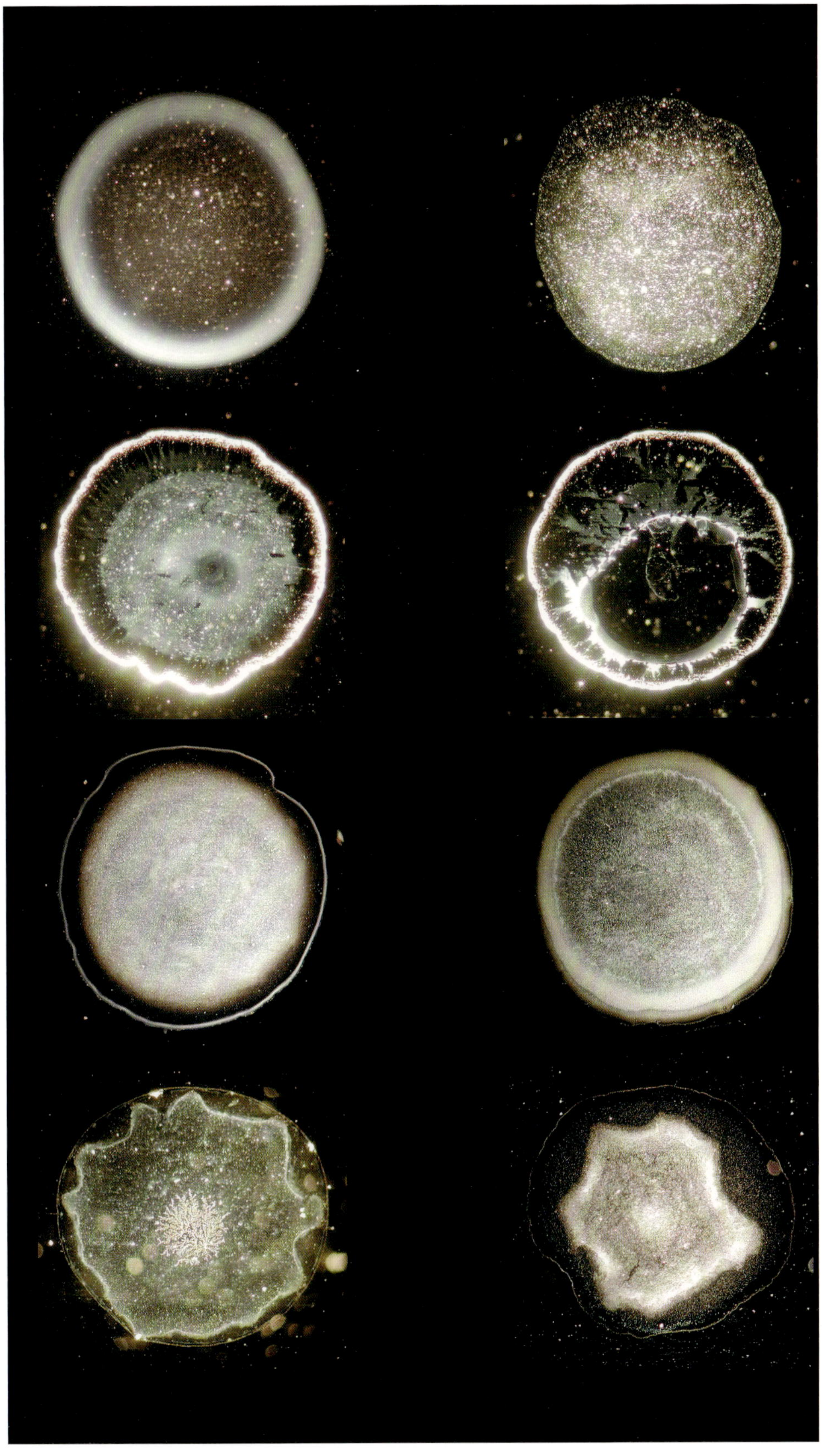

Myrrhe-, Petersilie-, Weihrauch- und Liebstöckelwasser vor (links) und nach (rechts) der Beschallung mit Ultraschall.

Kresse als Saatkorn an einem sonnigen Platz ausgesät; die eine Kresse mit Wasser (links), die andere mit Ultraschall-Wasser gegossen; deutlich größere ausgewachsene Ultraschall-Kresse (rechts).

PFLANZENWACHSTUM BEI ULTRASCHALL

Nach unseren Erfahrungen mit dem Kopfsalat und elektromagnetischen Wellen sind wir gespannt, ob Pflanzen mit Ultraschall behandeltes Wasser von nicht behandeltem Wasser unterscheiden können. Dazu machen wir einen Wachstumsversuch mit Kresse: Kresse wird als Saatkorn an einem sonnigen Platz ausgesät. Zwei Töpfchen werden mit normalem Leitungswasser gegossen, zwei weitere Töpfchen mit ultraschallbehandeltem Wasser, das zuvor sieben Minuten im Ultraschallbad beschallt wurde.

Bereits in den ersten Tagen konnte ein beschleunigtes Wachstum der Kresse beobachtet werden, die mit Gießwasser gegossen wurde, das mit Ultraschall behandelt worden war. Nach sieben Tagen ist die mit Ultraschall-Gießwasser aufgezogene Kresse deutlich kräftiger gewachsen als die Kresse, die mit normalem Leitungswasser gegossen wurde.

Im weiterführenden Versuch wurden die Kressetöpfe geerntet und jeweils in ein eigenes Leitungswasser eingelegt. Daraus wurden dann Proben entnommen. Interessanterweise zeigte sich in den aufgetropften Wassertropfen ein deutlicher Strukturunterschied zwischen dem Wasser, in dem die mit Leitungswasser gegossene Kresse gelegen hatte, und dem Wasser, in dem die Kresse gelegen hatte, die zuvor mit Ultraschall-Wasser gegossen und gewachsen war.

Die Ultraschall-Information ist also derart nachhaltig, dass man die Kresse ernten, in Wasser einlegen und die Information danach noch im Wasser detektieren kann.

Wasser ohne Kresse (Referenzwasser, links) – Kresse, gegossen mit Leitungswasser, eingelegt in Wasser (Mitte) – Kresse, gegossen mit Ultraschallwasser, eingelegt in Wasser (rechts).

Ein analoger Versuch mit einer Mikrowelle erbrachte ein ähnliches Ergebnis. Auch die Mikrowellenstrahlung wird von den Pflanzen wahrgenommen und wirkt wachstumsfördernd. Freilich hatten wir in beiden Fällen den Eindruck, dass die behandelten Pflanzen dann auch eher welken als ihre mit normalem Wasser gegossenen Pflanzenkollegen.

Neugierig geworden haben wir dann Schnittlauch mit normalem Wasser, mit Wasser, das auf dem Elektroherd erwärmt und wieder abgekühlt wurde, mit Mikrowellenwasser und mit Ultraschallwasser gegossen. Das Wasser wurde vor jedem Gießen in der entsprechenden Art behandelt und auf Raumtemperatur abgekühlt.

Nach einiger Zeit wurden die Pflanzen geerntet und jeweils mehrere Minuten lang in ein eigenes Versuchswasser eingelegt. Die Unterschiede in der Tropfenstruktur des Wassers sind deutlich auf den Fotos unter dem Dunkelfeldmikroskop zu erkennen. (Siehe Fotos oben).

Diese Versuche dokumentieren, dass innerhalb der Pflanze eine Veränderung des biologischen Systems (Pflanze) durch die Einwirkung technischer Geräte stattgefunden hat, die im Tropfenfoto dokumentiert werden konnte. Man könnte auch sagen, dass die Versuche zeigen, dass Pflanzen Informationen speichern und Informationen an die Umgebung (Auftropfwasser) abgeben können.

MIKROWELLE ODER ELEKTROHERD?

Nach diesen Untersuchungen über die Einwirkungen von Feldwirkungen auf Pflanzen (-Wasser) interessierte es uns, ob sich auch eine unterschiedliche Erwärmung von Getränken – auf dem Elektroherd oder in der Mikrowelle – auf deren Tropfenstruktur auswirkt.

Dafür wurden Kaffee, Tee und Milch auf einem niederfrequenten Feld (Elektroherd) und einem hochfrequenten Feld (Mikrowelle) erwärmt und anschließend Tropfen davon entnommen und aufgetropft. Bereits auf den ersten Blick sieht man, dass die Bildstrukturen in den zu vergleichenden Tropfen unterschiedlich sind. Im Vergleich zu den Tropfen, die mit dem niederfrequenten Feld, das heißt dem Elektroherd, erwärmt

Schnittlauchpflanzen in Erde, begossen mit (von oben nach unten) unbehandeltem Leitungswasser, auf dem Elektroherd erwärmtem Wasser, in der Mikrowelle erwärmtem Wasser und im Ultraschallbad beschalltem Wasser – und anschließend jeweils in Leitungswasser eingelegt.

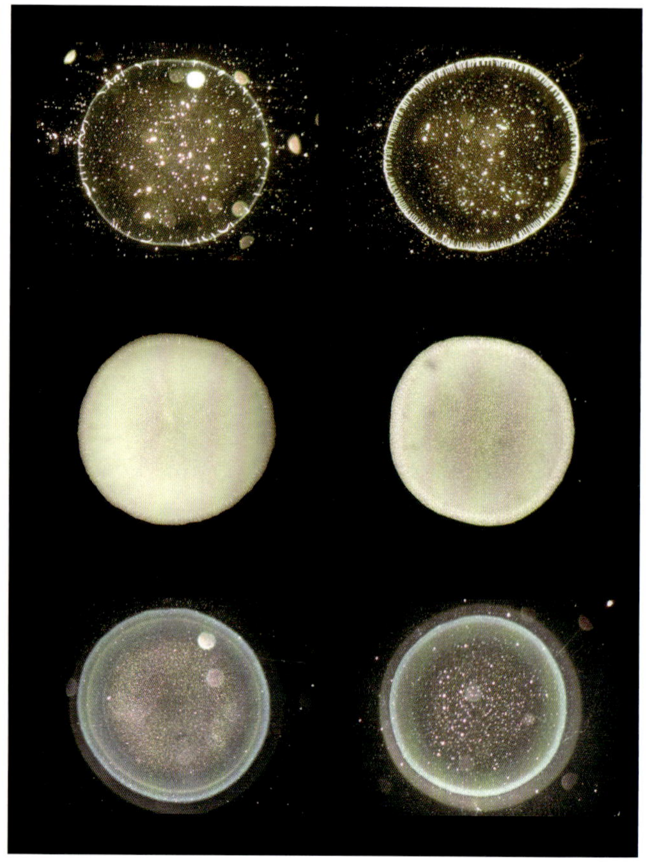

Kaffee, Milch und Tee erwärmt auf dem Elektroherd (links) und in der Mikrowelle (rechts) von oben nach unten.

wurden, erscheinen die Tropfen, die mit der Mikrowelle erwärmt wurden anders: Die Ränder der Tropfen haben sich bei Tee und Kaffee deutlich verändert, die innere Struktur des Tees wirkt gepünktelt, die Milchtropfen erscheinen »griesiger«.

Wir vermuten, dass die Tropfenbilder ein Abbild der Information sind, die sie enthalten. Dies angenommen, sieht man, dass die Art der Erwärmung von Flüssigkeiten sich auf die Information, die diese Flüssigkeit enthält, auswirkt sowie eine Strukturänderung in der Flüssigkeit, dem Tropfen, verursacht. Auch diese Information nehmen wir zusätzlich zur »materiellen Nahrung« zu uns.

WASSER »HÖRT« MUSIK

Unsere Forschung wurde im Laufe der Jahre immer bekannter und aufgrund der scheinbaren Einfachheit der Versuchsdurchführung haben wir auch Anfragen zur Zusammenarbeit erhalten. Eine haben wir gerne angenommen, nämlich die Zusammenarbeit mit dem Droste-Hülshoff-Gymnasium in Rottweil. Daraus entstand eine Forschungsserie über den Einfluss von Musik auf den Körper. Die Schülerinnen Annette und Katharina waren fasziniert von den Bildern und Strukturen in den Wassertropfen, der »Welt im Tropfen«. Sie ließen sich von uns die Tropfenmethode unter dem Dunkelfeldmikroskop erklären. Unter der Leitung ihres Lehrers untersuchten sie die Auswirkungen von unterschiedlichen Musikstücken auf das Strukturbild von Wasser, Blut und Urin unter dem Dunkelfeldmikroskop.

Dazu nahmen die Schülerinnen ein und daselbe Wasser (Deisslinger Leitungswasser), teilten es in drei Gefäße auf und beschallten mit Hilfe eines Kassettenrekorders für wenige Minuten diese drei Gefäße mit jeweils unterschiedlichen Musikarten. Dann wurden von jedem Wasser Tropfenproben entnommen. Die Wassertropfen wurden jeweils von derselben Person aufgetropft. Bei dem Versuch wurde eine deutliche Verschiedenartigkeit der Tropfen der verschiedenen Musikarten dokumentiert:

In der obersten Bildreihe Seite 78 ist das Referenzwasser aufgeführt (unbehandelt).
In der zweiten Spalte (von links nach rechts) wurde das Wasser dokumentiert, das mit Harfenmusik von Erik Satie beschallt wurde. Die dritte Spalte wurde Deep-Purple-Musik (melodiöser Rock) ausgesetzt, und die vierte Reihe hat Otep (Heavy Metal, Hard Rock) »gehört«.

VERSUCH: MUSIK IM BLUT

Dann wollten die beiden Schülerinnen wissen, ob sich verschiedene Musikstücke (unterschiedlich auch in Rhythmus und Melodie) in uns Menschen, in unserem Körper abbilden. Und da wir Blut als eines unserer Körperwässer bezeichnen, haben sie die Auswirkungen von Musik auf die Blutstruktur untersucht.
Ihre These: Menschen erfahren Musik auch über ihre Körperflüssigkeiten. Die Schülerinnen wählten wieder drei Musikrichtungen aus.

1. Eric Satie (ruhige, entspannende Klaviermusik)
2. Deep Purple (melodiöse Rockmusik)
3. Otep (Heavy Metal/Hard Rock, der für die Schülerinnen sehr brutal, aggressiv und unausgeglichen klingt)

Die Schülerinnen setzten sich für den Versuch in einen ruhigen Raum in ihrer Schule und hörten eine halbe Stunde Satie-Musik. Dabei unterhielten sie sich nicht. Anschließend nahmen sie Proben ihres Blutes und tropften sie mit Einwegspritzen auf jeweils einen eigenen Objektträger nach der bekannten Methode auf. (Anmerkung: Das Blut gewannen sie ungefährlich mit einem Gerät, mit dem sich normalerweise Zuckerkranke in die Fingerkuppe stechen. Die herausquellenden Blutstropfen haben sie dann mit der Einwegspritze aufgenommen.)

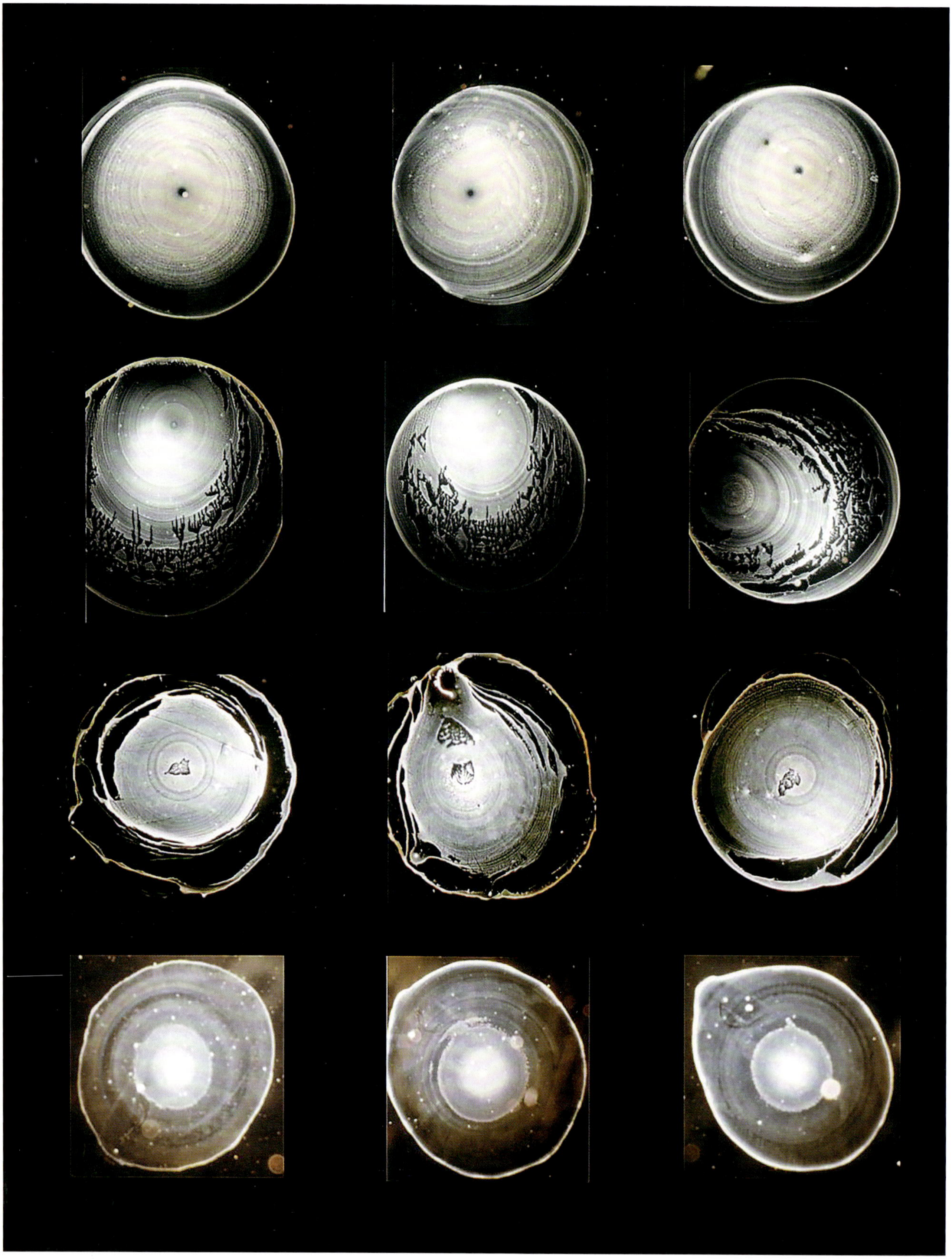

Deisslinger Leitungswasser ohne Musikbeschallung (Referenzwasser, erste Reihe), Wasser nach Satie (zweite Reihe), Wasser nach Deep Purple (dritte Reihe), Wasser nach Otep (vierte Reihe) von links nach rechts.

Dann legten sie eine halbstündige Pause ein, damit sich der Körper wieder »neutralisieren« konnte. Danach setzten sie den Versuch mit einem neuen Musikstück fort und verfuhren mit der bekannten Methode. Auch zwischen zweitem und drittem Musikstück machten sie eine halbstündige Pause.

Deutlich waren die unterschiedlichen Einflüsse der verschiedenen Musikarten auf das Körperwasser unter dem Dunkelfeldmikroskop im Blut zu erkennen. Der Versuch lieferte reproduzierbare Bilder.

Die Fotos der Blutstropfen dieser Versuchsreihe sind von links nach rechts zu betrachten, entnommen und aufgetropft von Annette und Katharina. Hier das Versuchsergebnis von Katharina und Annette:

»Blut zeigt eine erstaunlich klare und ruhige Tropfenstruktur. Im Normalzustand erinnern die Tropfen an Lochscheiben oder Räder. Ein Außenring ist von einer regelmäßigen Reihung von Löchern (meist 14 bis 18) durchbrochen, zwischen den Löchern bleiben kräftige Speichen. Eine dünne helle Linie, die immer wieder durchbrochen ist, umgrenzt den Innenbereich, in dem die rote Blutmatrix von unregelmäßigen Löchern durchbrochen ist.

Hört eine Person sanfte Klaviermusik von Satie (beide Versuchspersonen fühlten dabei eine tiefe Entspannung), scheinen die Tropfen zu vibrieren. Es gibt einen weichen und breiten helleren Außenring, innerhalb dessen eine ringförmige Zone wie ein löchriges Geflecht. Dadurch wirkt dieser Ring dunkel. Die Binnenstruktur sieht aus wie ein feines gekräuseltes Flechtwerk. Mitunter weicht die Kreisstruktur der Tropfen auf.

Klarer Rock scheint mit dem natürlichen Herzschlag zu korrespondieren, das Blut nach dem Hören von Deep Purple ähnelt dem natürlichen Zustand. Jedoch sind die Fenster im Außenring größer und die Stege schmaler; dort, wo sie nicht mehr bis an den Außenring stoßen, sind die Fenster verbunden. Die Innenstruktur enthält mehr dunkle Löcher und sieht aus wie eine gröbere Variante der Satietropfen.

Beim disharmonischen Heavy Metall von Otep, von den Versuchspersonen als unangenehm und verkrampfend empfunden, kommt es beinahe zu einer völligen Ablösung des Innenbereichs vom Außenring sowie zur Bildung eines zweiten Matrixrings um die Kernfläche, die stark zerrissen ist.« (Kolb/Sinner 2007)

Die Untersuchung der Schülerinnen zeigt, dass Musik auch Körperflüssigkeiten beeinflusst und diese verändert und dass in ihnen ablesbar ist, was für eine Art von Musik jemand gehört hat.

Blutstropfen von Annette

Normalzustand (oben links).

Nach Satie (oben rechts).

Nach Deep Purple (unten links).

Nach Otep (unten rechts).

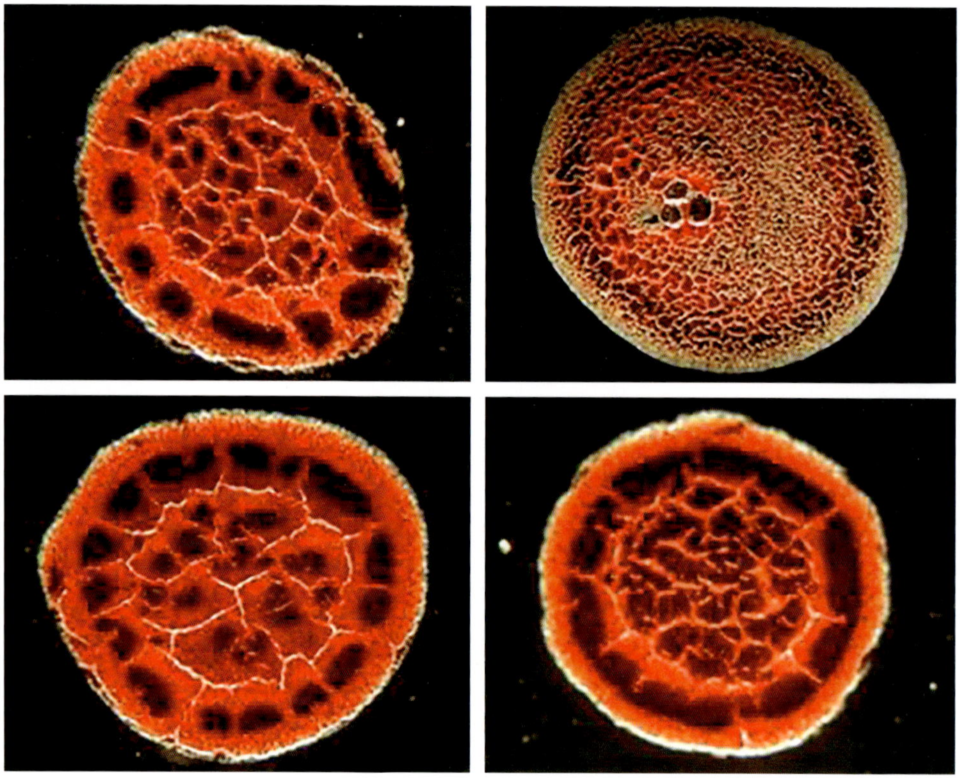

Blutstropfen von Katharina

Normalzustand (oben links).

Nach Satie (oben rechts).

Nach Deep Purple (unten links).

Nach Otep (unten rechts).

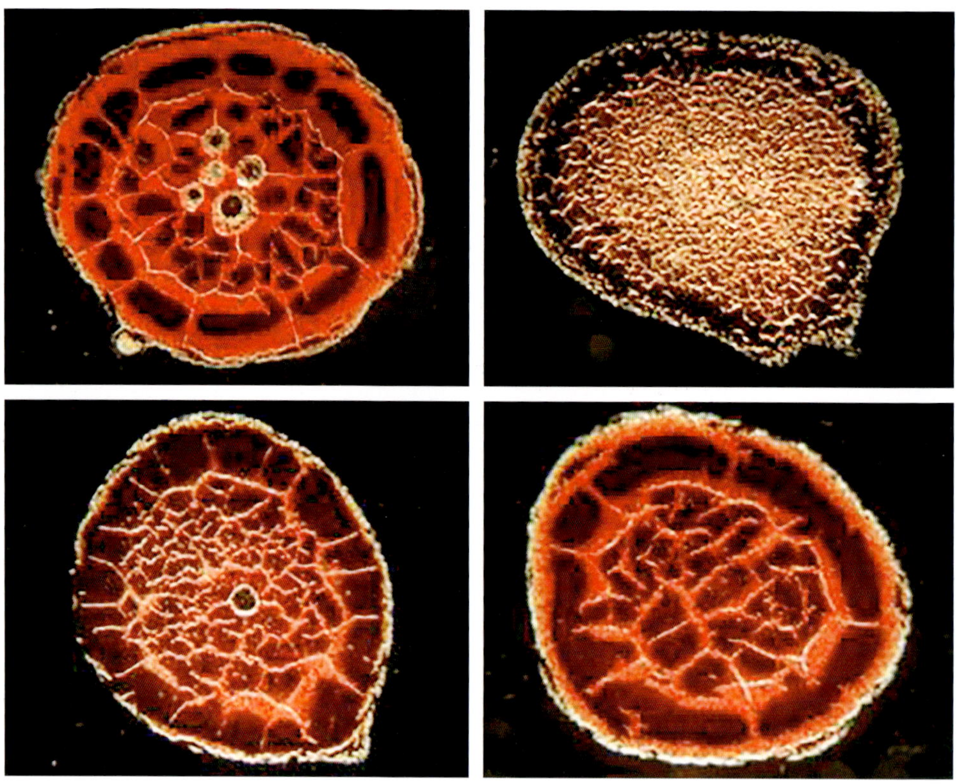

Eine Studie, die wir an dieser Stelle gerne kurz erwähnen, hat die entspannende Wirkung von klassischer Musik untersucht: Messbare positive Auswirkungen von klassischer Musik auf Blutdruck, Puls und Atmung hat eine Studie mit 60 Probanden der Universitätsklinik Marienhospital in Herne dokumentieren können. Das Anhören von Johann Sebastian Bachs Orchestersuite Nr. 3 senkte den oberen (systolischen) Blutdruckwert um durchschnittlich 7,5 zu 4,9 mmHg (Millimeter Quecksilbersäule) und den unteren (diastolischen) Wert um fast 5 mmHg: Also auf Blutdruckwerte von beispielsweise 140 zu 90 mmHg auf rund 132 zu 85 mmHg. Auch der Puls verlangsamte sich bei den Versuchspersonen messbar um durchschnittlich sieben Schläge pro Minute. Die Folge: Das wirkt sich positiv auf die Gesundheit aus, denn niedrigere Blutdruck- und Pulswerte wirken entlastend auf das Herz.

Und was sollte man hören, um eine positive Wirkung auf das Herz-Kreislauf-System zu bewirken und die Entspannung durch Musik zu fühlen? Die Experten empfehlen vor allem Stücke der Komponisten Albinoni, Bach, Corelli, Händel und Mozart sowie Tartini. Gute Stimmung im vegetativen Nervensystem macht die eigene Lieblingsmusik übrigens auch.

Resümee: Obgleich Schallwellen mechanischer und nicht elektromagnetischer Natur sind, hinterlassen sie eine bleibende Veränderung im Tropfenbild. Dies wurde an Versuchen mit Ultraschall und mit Musik gezeigt. Dies ist umso erstaunlicher, dass wir Wasserbewegung bisher als linearen Prozess wahrgenommen haben, der keine Hysteresen beinhaltet, dem man also bisher das Zurückbleiben oder das Speichern einer Wirkung – verursacht durch eine äußere Einwirkung – abgesprochen hat.

Darüber hinaus zeigt sich in den Versuchen in diesem Kapitel, dass Pflanzen auf Wellen mit verändertem Wachstumsverhalten reagieren und ihre Verhaltensänderung in Bildveränderungen der Tropfenstruktur abgelesen werden kann. Dies wurde gezeigt, indem das Gießwasser verschiedenen Einwirkungen ausgesetzt oder unterschiedlich zubereitet wurde.

5

Wasser kommuniziert

Die »Wassersuppe« – Keiner ist mehr allein

In unserer Forschung begannen wir die Tropfenuntersuchung jeden Tag damit, anhand eines Referenztropfens festzustellen, ob sich an der Versuchsaufstellung etwas Wesentliches geändert hat, also an den Grundparametern im Labor wie beispielsweise Einflüsse durch externe Strahlungen, Equipment-Einstellungen oder klimatische Verhältnisse. Dazu nahmen wir eine südamerikanische Essenz mit dem Namen »Hongo Colorado«, die sich als besonders stabil erwiesen hatte, und tropften sie am Anfang eines Laborforschungstages auf. Jahrelang hat dies gut funktioniert, denn jeden Tag war der Tropfen in seinem Tropfenbild reproduzierbar, bis eines Tages unsere so sicher gewähnte Welt zusammenbrach: Der Referenztropfen war schief, exzentrisch und wiederholbar exzentrisch wie auf dem Foto Seite 83 rechts.

Wir überprüften die uns bekannten Versuchsparameter – alles war wie immer. Bis uns der Gedanke kam, dass vielleicht der Experimentator selbst nicht mehr in seiner Mitte war, also er selbst exzentrisch sein könnte. Welch eine Unterstellung! Und tatsächlich, als der Experimentator nach einiger Zeit der Entspannung in »seine Mitte« zurückgekehrt war, trocknete der Tropfen wieder zentrisch und die Forschungsarbeit ging wie gewohnt weiter. Es blieb aber eine Verstörung und Verunsicherung bei uns zurück, denn so etwas konnte ja jederzeit wieder passieren.

Und so war es auch. Einige Monate später geschah Folgendes: Es wurde gerade eine Versuchsreihe Tropfen aufgetropft, als dem Experimentator im Labor eine schockierende Nachricht überbracht wurde. Dieser »riss sich zusammen«, wollte die Versuchsreihe beenden und arbeitete weiter. Alle danach entstehenden Tropfen sahen allerdings drastisch verändert aus (siehe Fotovergleich Seite 83 unten).

Wir schlossen zunächst eine Einwirkung vonseiten des Experimentators aus, denn dieser hatte das Wasser, das in der Spritze war, gar nicht berührt! Dennoch ließ uns das Phänomen keine Ruhe. Wir begannen, Zweifel an der Reproduzierbarkeit zu bekommen. Bisher wurden die Tropfenserien immer nur von einer Person gemacht und nur untereinander verglichen.

Reproduzierbarkeit zu überprüfen, ist schwierig. Es muss jeder Versuch am selben Ort, zur selben Zeit mit demselben Versuchsaufbau dieselben Ergebnisse zeigen. Doch was wäre, wenn die Person des Experimentators tatsächlich eine Rolle spielt, und wie sollte man das überprüfen? Denn viele Versuche hintereinander sind ja nicht am selben Ort oder zur selben Zeit durchzuführen.

Also drehten wir die Versuchsanordnung schlichtweg um. Wir setzten viele Experimentatoren in einen Hörsaal, jeder bekam dasselbe Wasser, zwei Objektträger, eine eigene

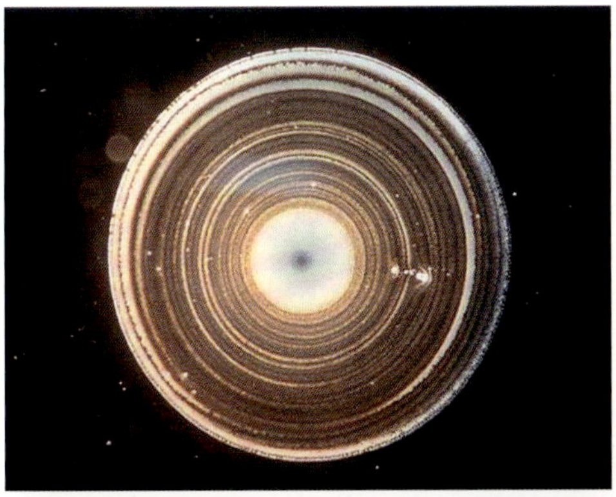

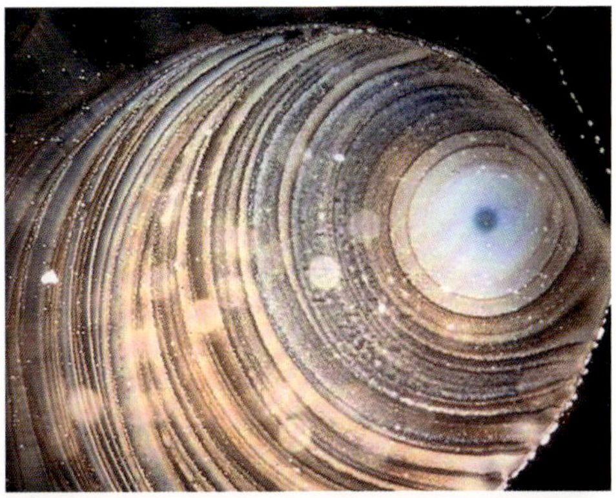

Üblicher Referenztropfen.

»Exzentrischer« Referenztropfen.

Tropfen vor (links) und nach dem Schock (rechts).

Einwegspritze und tropfte das Wasser auf seinen Objektträger. Die Personen blieben jeweils bei den Tropfen sitzen, bis diese getrocknet waren. Um Beeinflussungen untereinander zu vermeiden, betrug der Sitzabstand zwischen den Personen mehr als 1,5 Meter.

Die Versuchsergebnisse waren so überwältigend, dass sie mehrfach wiederholt und alle Ergebnisse im Foyer des Institutes zur Diskussion ausgehängt wurden. Anschließend fand eine lange öffentliche Diskussion statt, denn das konnte einfach nicht sein! Die Tropfen jeder einzelnen Versuchsperson waren untereinander sehr ähnlich, die Tropfen verschiedener Versuchspersonen jedoch deutlich verschieden! Dies stellte sich auch bei Wiederholungen mit einem anderen Versuchswasser ein. Ein exemplarisches Ergebnis zeigt das Foto Seite 84.

Die Fotos der getrockneten Tropfen auf jeweils einem eigenen Objektträger zeigen gut vergleichbare Tropfenreihen jedes einzelnen Experimentators (von links nach rechts), aber deutliche Verschiedenheiten von Experimentator zu Experimentator (von oben nach unten).

Damit ist gezeigt, dass eine Beeinflussung des Tropfens durch den Experimentator stattgefunden hat, obgleich dieser das Wasser nicht direkt berührt hat. Die Ergebnisse von verschiedenen Tropfenversuchen können daher nur verglichen werden, wenn

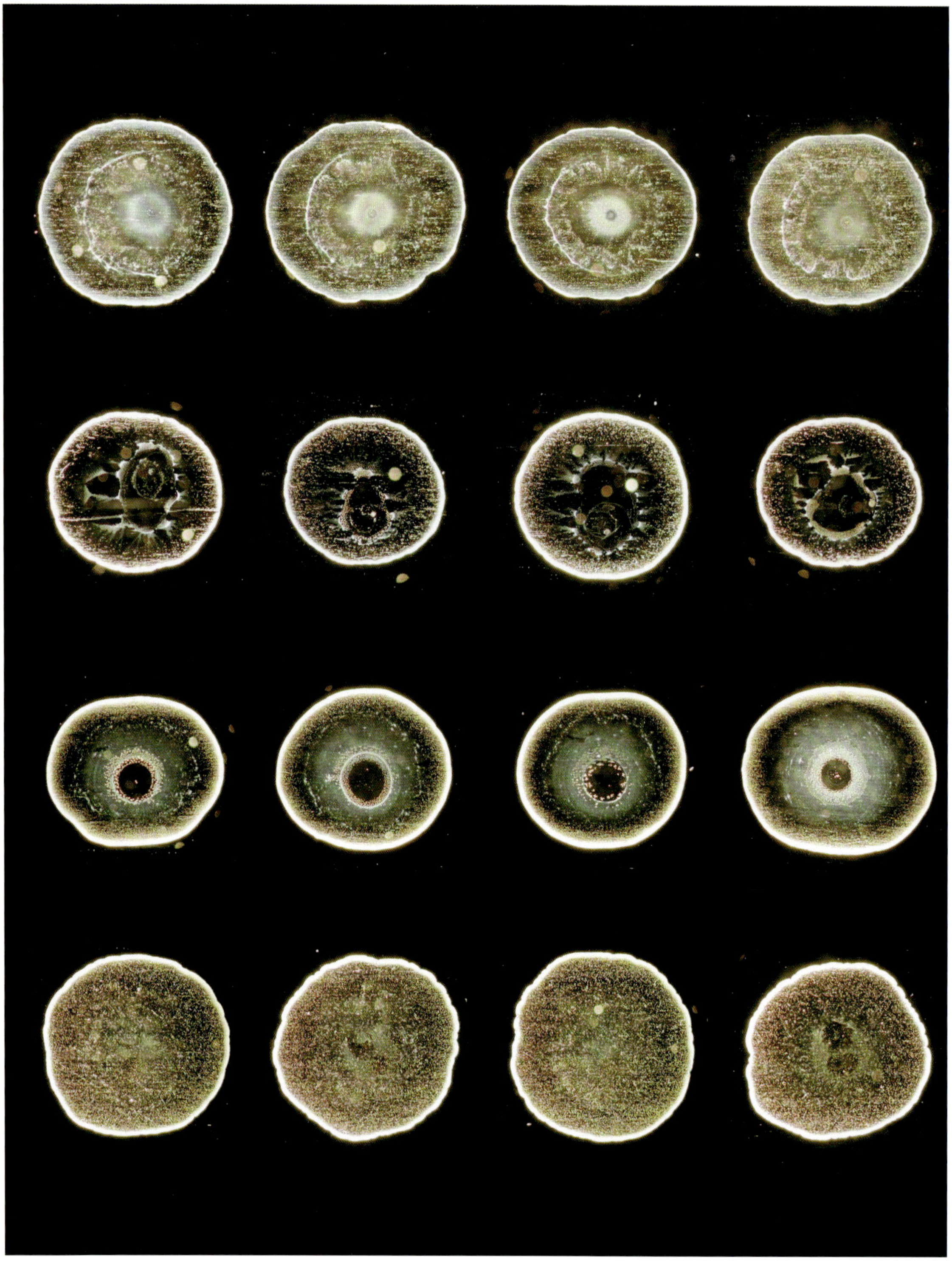

Mehrpersonenversuch: Die Tropfenfotos von vier Versuchspersonen (von oben nach unten) unterscheiden sich deutlich in der Bildstruktur.

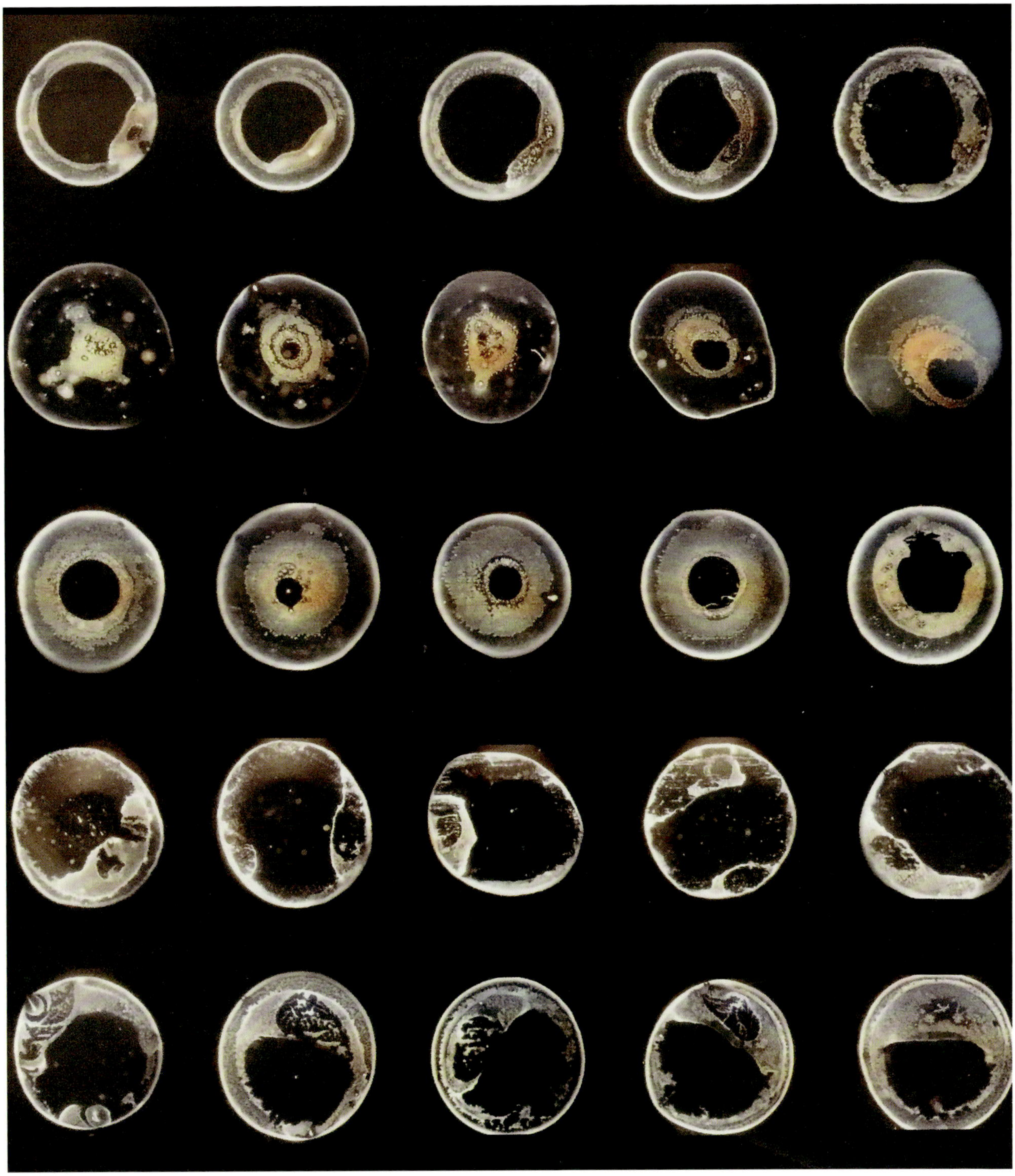

Mehrpersonenversuch vom Erfinderclub Gelnhausen

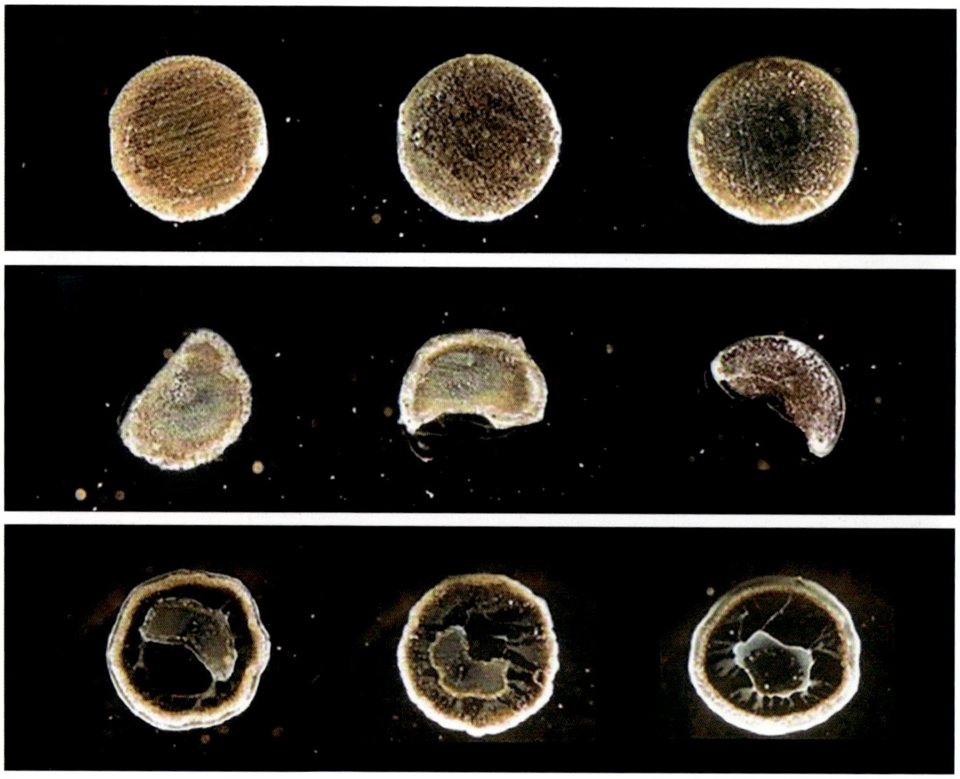

Obere Reihe von links nach rechts: Wasser unbehandelt (Referenzwasser); mittlere Reihe: Wasser beschallt mit Deep Purple; dritte Reihe: Experimentator beschallt mit Deep-Purple-Musik, danach tropfte er Wasser auf.

der Einfluss des Experimentators gleich bleibt. Wir nennen unsere Versuche aufgrund dieser Tatsache sensible Versuche, im Gegensatz zu den üblichen, robusten Versuchen, bei denen das Ergebnis vom Experimentator unabhängig ist.

Nach diesem Versuch wurden die abenteuerlichsten Hypothesen zur Erklärung des Phänomens aufgestellt. Wenn die Naturwissenschaft nicht genug Theorien lieferte, konnten plötzlich auch Psyche und Gedanken die Urheber sein. Klar war zumindest, dass die uns bisher bekannte Reproduzierbarkeit in Bezug auf mehrere Experimentatoren überdacht werden musste.

Einige Monate später haben sich Schüler, diesmal vom Erfinderclub Gelnhausen, für das Wasser-Phänomen des Mehrpersonenversuchs interessiert. Sie ließen sich von uns die Versuchsmethode erklären und brachten nach einigen Wochen ihre eigenen, wunderschönen Beispiele ihres Mehrpersonenversuchs mit. Sie hatten den Versuch in ihrer Schule wiederholt (siehe Foto Seite 85).

Jede Reihe von links nach rechts zeigt die Bilder einer Person. Alle Bilder wurden mit demselben Wasser zur selben Zeit am selben Ort aufgetropft und fotografiert.

Ein drittes Ergebnis zu diesem Thema lieferten uns wieder die Schülerinnen Annette und Katharina. Sie »drehten« Experiment und Wirkung einfach um: Sie beschallten den Experimentator mit verschiedenen Musikarten und schauten dann nach, ob dies die Tropfenbilder, die dieser anschließend auftropft, beeinflusst. Das Ergebnis zeigt das Foto auf Seite 86. Das Referenzwasser (obere Reihe) reagiert deutlich auf die Musik-

Tropfenbeeinflussung oder Objektträgerverschmutzung?

beschallung durch Deep Purple (mittlere Reihe). Aber auch die Beschallung des Experimentators hat eine bildhafte Auswirkung: Das Referenzwasser, das durch den beschallten Experimentator aufgetropft wurde, hat in seiner Bildstruktur die Homogenität im Tropfeninnern verloren und eine »Zerrissenheit« mit feinen strahlenartigen Linien ausgebildet sowie einen deutlich sichtbaren breiten Tropfenrand bekommen.

Zur Aufklärung des Phänomens der Beeinflussung durch den Experimentator entschieden wir uns, die einfachste, wenn auch nicht die wahrscheinlichste Möglichkeit zu überprüfen: Die Möglichkeit, dass vielleicht das Wasser in der Spritze und das Wasser auf dem Objektträger mit dem Körperwasser des Experimentators kommunizieren und darüber eine Überlagerung des Wasserbildes durch den Experimentator erfolgen könnte.

Und in diesem Zusammenhang erinnerten wir uns plötzlich an aufgenommene Fotos sich »beeinflussender« Tropfen, die wir anfangs für Objektträgerverschmutzung gehalten hatten und nur interessehalber fotografiert und archiviert hatten, siehe Foto oben.

Könnte diese »Einbuchtung« im rechten Tropfen, die aussieht wie ein Biss in einen Keks, nicht auch ein Zurückweichen vor dem zweiten, daneben aufgetropften Tropfen einer anderen Wassersorte sein?

Diese Frage im Kopf, begannen wir, verschiedene Wässer nebeneinander in verschiedenen Abständen auf Objektträger aufzutropfen und unter dem Mikroskop zu beobach-

Linke Spalte oben: Referenzwasser »Berlin-Wasser«, Linke Spalte unten »Berlin-Wasser« neben Ganges.

Rechte Spalte oben »Berlin-Wasser« neben Hongo Colorado (Essenz), Rechte Spalte unten »Berlin-Wasser« neben Arteser Brunnen.

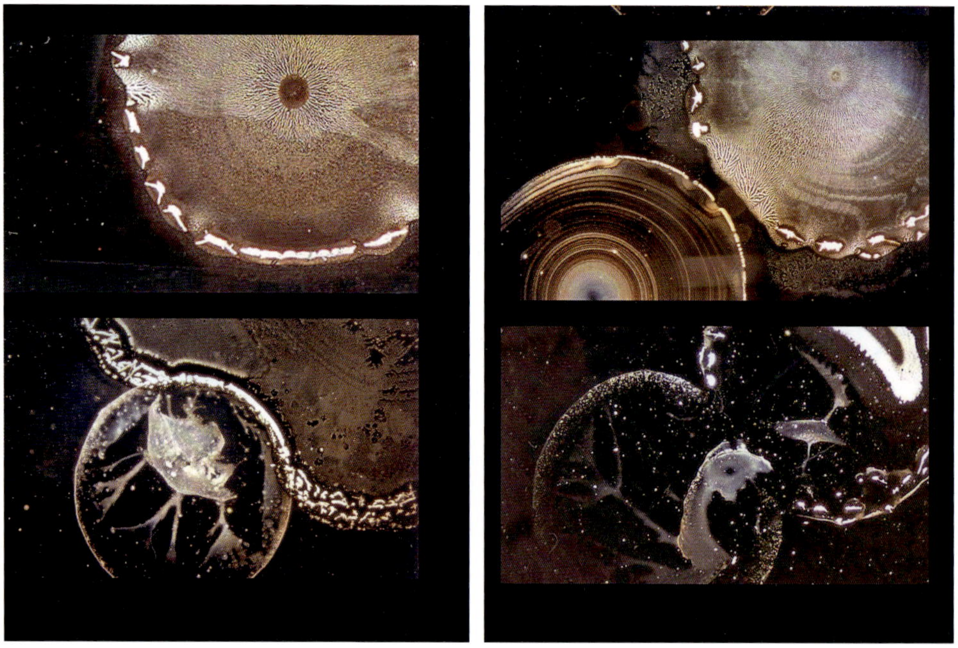

ten, ob es eine Interaktion zwischen den Tropfen gäbe. Und zu unserer Überraschung gab es tatsächlich Interaktionen. Schauen Sie sich die verblüffenden Ergebnisse an, siehe Fotos oben.

Im Versuch wurde ein Wasser aus einem Bergwerk bei Berlin ausgesucht, von dem es heißt, es sei ein »totes« Wasser, da keine Pflanzen und Tiere darin lebten. Neben dieses »Berlin-Wasser« wurde zunächst mit Abstand ein Ganges-Wasser aufgetropft. Da man dem heiligen Ganges im Allgemeinen Besonderes zutraut, haben wir bei diesem Wasser eine gewisse »Tropfen-Kommunikationsbereitschaft« vorausgesetzt. Dem war aber nicht so, was wieder einmal zeigt, dass wir in unseren Versuchen keine vorgefertigten Meinungen haben sollten. Das Ganges-Wasser kommuniziert nicht mit dem »Berlin-Wasser«, sondern es lässt den begrenzenden Rand seines Tropfens als Grenze bestehen, selbst wenn man ihn ganz dicht an den Nachbartropfen heranrückt.

In weiteren Kommunikationsversuchen wurde neben das »Berlin-Wasser« die peruanische Essenz Hongo Colorado getropft, was zur Öffnung des »Kristallzaunes« führte, der das »Berlin-Wasser« umgibt.

Ein Tropfen eines Arteser-Brunnens verursacht eine deutliche Kommunikation insofern, dass sich der begrenzende Rand des »Berlin-Wassers« samt Kristallzaun öffnet und mit dem Tropfen des Arteserbrunnens verschmilzt.

Diese Beobachtungen lassen den Schluss zu, dass es eine Beeinflussung von einem Wasser auf das andere über Distanzen gibt, auch wenn sie sich nicht berühren. Durch weitere Versuche haben wir bestätigen können, dass die Kommunikationsdistanz zwischen den Wässern und den Körperwässern des Menschen etwa 1,5 Meter beträgt.

Damit war das Rätsel für uns gelöst! Heute gehen wir davon aus, dass Wasser über Entfernungen hinweg kommunizieren kann, wenn eine Resonanzbedingung gegeben ist. Ganges-Wasser hatte mit dem »Berlin-Wasser« offensichtlich keine Resonanz und hat sich selbst bei Kontakt nicht vermischt, wohingegen sich das Arteserwasser spontan mit dem »Berlin-Wasser« verbunden hat. Dies mutet wie eine frühe Form von »sich riechen können« an. Es ist gut möglich, dass sich unsere sozialen Verbindungen auch nach solchen Kriterien richten und dass wir sehr bald von Methoden reden oder diese erfinden, unser Körperwasser gegenüber starken Beeinflussungen zu schützen. Denn wenn Wasser untereinander kommunizieren kann, gilt das auch für unser Körperwasser.

Gemäß diesen Versuchen und Beobachtungen unterscheiden wir zwischen robusten und sensiblen Phänomenen, die sich im Wasser zeigen. Bei robusten Phänomenen ist keine Veränderung durch die Eigenart des Experimentators feststellbar, zum Beispiel bei mechanischen Untersuchungen zur Schwerkraft oder bei Temperaturmessungen in der Wissenschaft. Es gibt jedoch sensible Experimente, deren Verlauf von dem beteiligten Experimentator abhängt, unabhängig davon, ob der Experimentator dies will oder nicht. Der Einfluss des Experimentators ist hoch, er wird zur variablen Größe, die in das Versuchsergebnis mit einbezogen werden muss. Aufgrund unserer langjährigen Forschung haben wir auch Hinweise darauf, dass die innere Haltung des Experimentators (bis hin zu Absichtsvorstellungen und Ergebnisannahmen) das Versuchsergebnis ebenfalls beeinflussen können.

Dies ist ein ganz wichtiger zu berücksichtigender Punkt beim Thema Reproduzierbarkeit: Die Wassertropfenfotografie gehört zu den sensiblen Experimenten mit sensiblen Phänomenen. Der Experimentator geht als Variable in das Experiment ein. Daher ist eine Reproduzierbarkeit nur zu erzielen, wenn der Experimentator gleich bleibt, das heißt, dass auch sein Gemütszustand vergleichbar sein muss. Ein Schreck oder eine starke Emotion kann die Ergebnisse des Experiments verändern.

Resümee: Nach diesem Versuchsergebnis sind Sie als Mensch nicht mehr allein auf der Welt! Sie oder Ihr Körperwasser kommuniziert mit jedem anderen Menschen, wenn eine Resonanz vorliegt, auch über Distanzen – wir denken bis zu 1,5 Meter. Wenn Sie also in einem Bus fahren oder in einem Konzert oder Kino sitzen, so können Sie sich diesem unbewusst ablaufenden »Kommunikationsvorgang« untereinander nicht entziehen. Sie sind dann Teil einer regelrechten »Wassersuppe«. Aber keine Angst, Ihr individuelles Steuerungssystem erhält Ihre Identität, und Sie verlieren sich nicht im Wassereinfluss der anderen. Wenngleich die Gefühle Sympathie und Antipathie natürlich auch auf Resonanz Ihres Körperwassers beruhen könnten.

6 Wasser und Mensch

Sensible Reaktionen – Spiegelung, sag mir, was ich bin

DER AUFBAU DES TROPFENBILDES

Nach den obigen Erkenntnissen über Kommunikation erweiterten wir unsere Vorstellung über den Versuchsaufbau. Wir beziehen nun den Experimentator als Variable mit ein. Das lässt sich formal als Erweiterung eines Schichtenmodells darstellen. Jede Schicht trägt ein Bild, das Gesamtbild wird aus der Überlagerung aller Schichten zusammengesetzt.

Zunächst ist das Wasserbild des Referenzwassers die Grundlage. Dies wird von einer Schicht der Einwirkung überlagert, die wir untersuchen wollen. Die erste und die zweite Schicht wollen wir vergleichen, um die Auswirkung der Einwirkung zu erkennen.

Dann lagert sich noch eine Information der zeitlichen Bildveränderung und schließlich die Einwirkung des Experimentators darüber. Letztere tritt im Normalfall gegenüber der zu untersuchenden Einwirkung zurück, kann aber, wenn nicht anderes im Wasser abgebildet wird, dominieren, wie bei den genannten Mehrpersonenversuchen. Man sollte an dieser Stelle bedenken, dass das Tropfenbild nur einen Teil aller vorhandenen Informationen wiedergibt. Es wirkt wie ein Filter. Wir schauen wie mit »Sehschlitzen« in die Welt.

Tropfenbild = Überlagerung mehrerer Informationsschichten

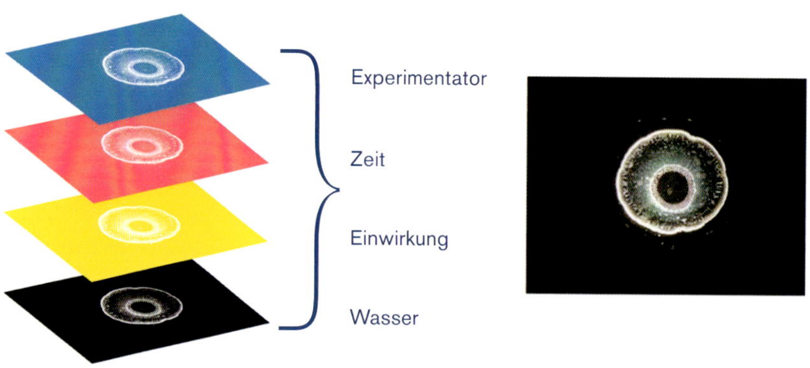

Erweiterung: Der Experimentator ist ein Parameter im Versuch

Die einzelnen Informationsschichten im Wasser, die das Wasserbild zusammensetzen.

DIE SENSIBILITÄT DES KÖRPERWASSERS: WAS WIR TRINKEN, VERÄNDERT UNS

In diesem Abschnitt möchten wir wissen, ob wir am Tropfenbild erkennen können, ob getrunkene Flüssigkeiten unser Körperwasser verändern. Wir starten die Interaktionsversuche durch Einnahme von zu untersuchenden Substanzen.

Der Ablauf ist wie folgt: Von den Probanden werden Speichelproben entnommen. Danach trinken sie ein Glas des Versuchswassers, und wir entnehmen nach drei Minuten wiederum eine Speichelprobe. Danach stellen wir die Tropfenbilder in gewohnter Art her.

Im ersten Versuch ist das Versuchswasser ein Leitungswasser aus Stuttgart-Vaihingen. Die Fotos auf Seite 92 zeigen zwei exemplarische Ergebnisse.

Die Bilder beider Probanden zeigen deutliche Veränderungen nach dem Trinken des Leitungswassers. In vielen Fällen verarmt die Struktur wie im Foto von Proband A (siehe Seite 92 oben rechts) und es entsteht der Eindruck, dass sich der Proband schützend zusammenzieht und sich auf sein Zentrum konzentriert.

Im zweiten Fall behält die Struktur des Tropfens von Proband B ihre Größe, verliert aber ihre Ausstrahlung und macht im Zentrum einen »verklebten« Eindruck.

Wählt man jetzt ein Wasser aus, das beispielsweise kinesiologisch positiv für den Probanden getestet wurde oder das der Proband selbst als sein Lieblingswasser bezeichnet, dann ändert sich die Tropfenstruktur im Speichel nach dem Trinken signifikant. Diese Versuche wurden an einem anderen Tag als die obigen unternommen.

Man sieht an den Fotos zu Proband A (Seite 93 oben), wie sich das Bild von strukturloser Dichte zu deutlicher Strukturiertheit mit ausbreitendem Charakter verändert. Der Proband A öffnet sich gegenüber seiner Umgebung und schließt sich nicht mehr so ab – könnte man vermuten.

Auf den Fotos zu Proband B (Seite 93 unten) sieht man, wie sich nach dem Trinken des Quellwassers B um die Mitte herum eine offene Dendriten-Struktur ausprägt, die ebenfalls weniger abgeschlossen wirkt als vorher.

Wenn man jetzt annimmt, dass Wasser mit sich trägt, was es erlebt hat, dann nimmt es bei seinem Lauf aus dem Boden über die Quelle zum Bach oder durch die Rohrleitungen viele Informationen auf. Gehen wir an die Quelle des Neckars und fotografieren dort das Wasser, so wird es auf unseren Fotos anders aussehen als nach seinem Lauf an der Mündung. Quellwasser trägt nach unserer Hypothese die Informationen seiner

Speichel von Proband A vor (links) und nach dem Trinken von Leitungswasser (rechts).

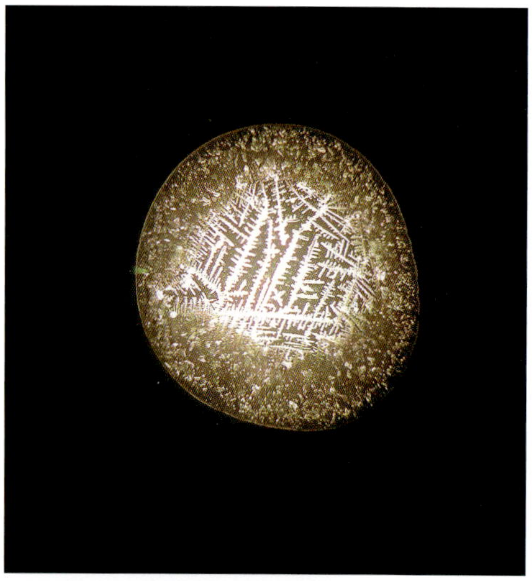

Speichel von Proband B vor und nach dem Trinken von Leitungswasser.

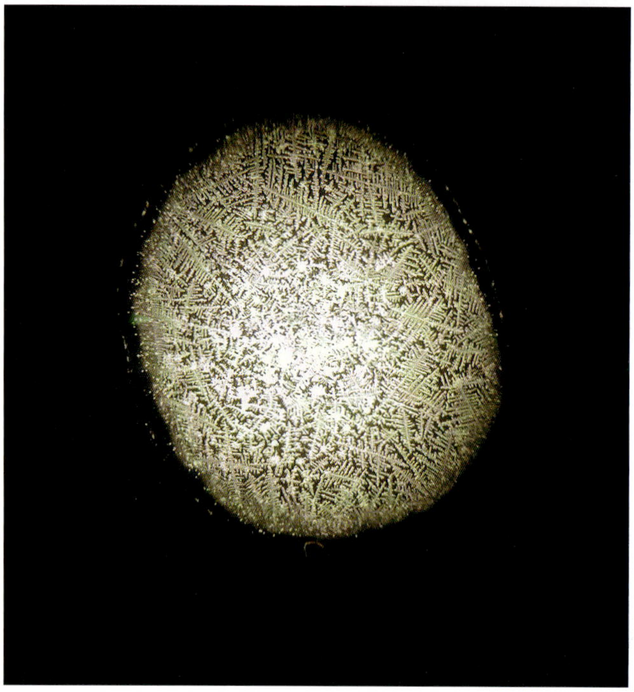

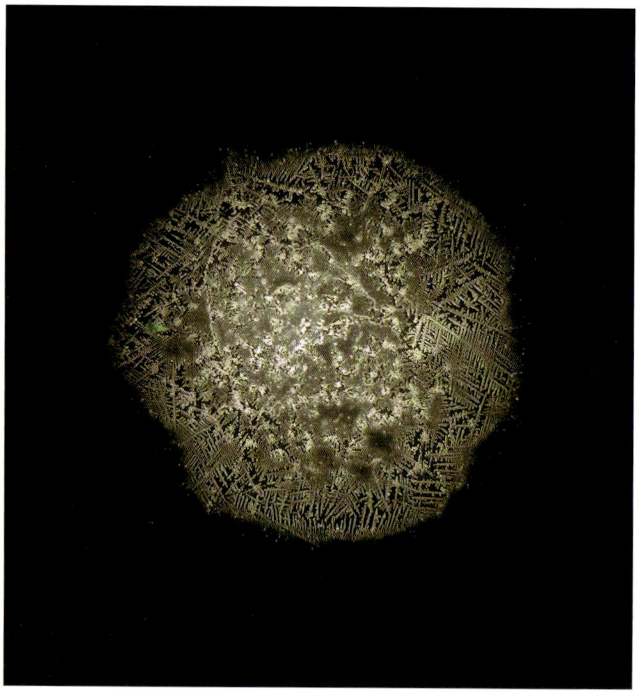

Speichel von Proband A vor (links) und nach (rechts) dem Trinken von einem Glas Quellwasser A.

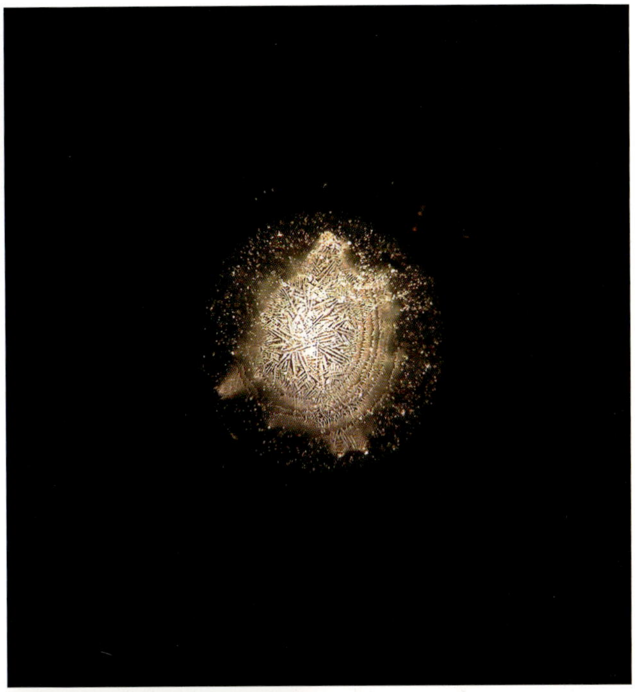

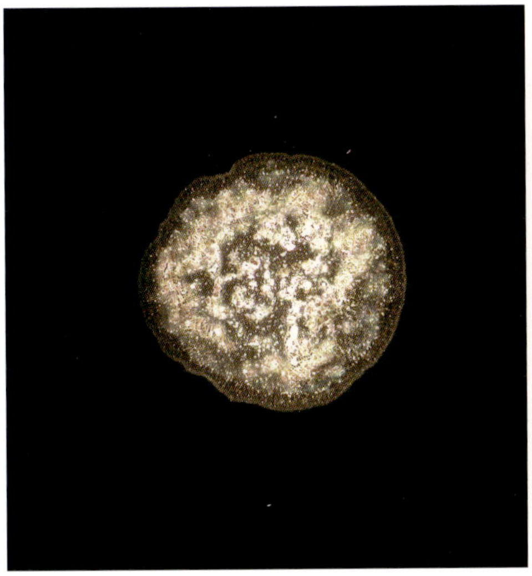

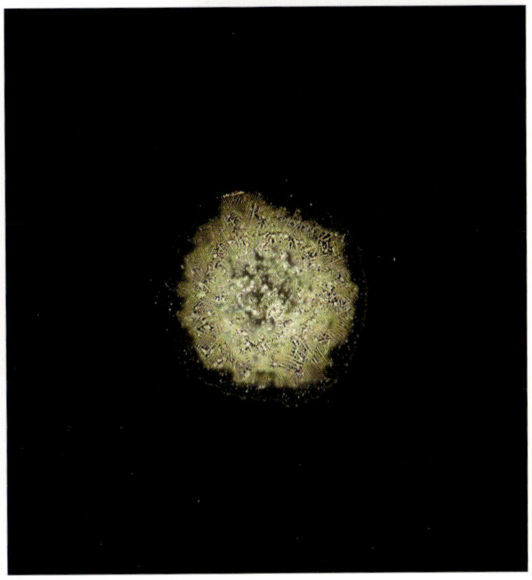

Speichel von Proband B vor (links) und nach (rechts) dem Trinken von einem Glas Quellwasser B.

Quelle und seines Quellbodens in sich, speichert und bildet diese auch ab. In anderen Versuchen haben wir dokumentiert, dass Tropfen über Distanzen miteinander kommunizieren, ohne sich zu berühren, wenn eine Resonanzbedingung zwischen den entsprechenden Wässern gegeben ist. Und denken wir dann weiter (wenn auch etwas aus dem Fenster gelehnt), dass Wasser irgendwo die Ordnung des Lebendigen repräsentiert, dann passt es zur Überlegung, dass wir zu dem einen Wasser eine gewisse Affinität haben und zu dem anderen Wasser nicht; dass wir mit dem einen Wasser in Resonanz gehen und mit dem anderen nicht. Und dass unser jeweiliger Zustand und der Zustand unseres Steuerungssystems, unser Gesundheitszustand, eine Auswahl zwischen den verschiedenen Wässern treffen kann.

DER EXPERIMENTATOR UND DIE ZU UNTERSUCHENDE SUBSTANZ

Da wir nun wissen, dass der Experimentator Einfluss auf das Tropfenbild hat, möchten wir herausfinden, ob sich das Tropfenbild verändert, wenn er das, was in ein Wasser eingelegt wurde, gegessen hat.

Also legt der Experimentator ein Melissenblatt in Wasser ein und tropft das Melissenblattwasser anschließend auf einen Objektträger auf. Danach isst er das vorher eingelegte Melissenblatt und tropft erneut das Melissenblattwasser auf. Sehen Sie die Strukturveränderung auf den Fotos Seite 95 oben: Wieder fällt eine sehr deutliche Randbildung des Tropfens auf sowie eine geordnete, zentriert wirkende Strukturiertheit des Tropfeninneren nach dem Essen des Melissenblattes (rechts), so als ob sich die Information »verdichtet« hat.

Diesen Versuch haben wir noch einmal mit einer Substanz wiederholt, die keine löslichen Stoffe wie Pflanzensäfte an das Wasser abgeben kann: mit einem Bergkristall. Dieser Bergkristall wurde in Wasser eingelegt, dann wurden Tropfen dieses Versuchswassers aufgetropft. Im zweiten Teil des Versuchs trank der Experimentator von dem Bergkristallwasser und hat danach das Bergkristallwasser aufgetropft. Die fotografische Dokumentation zeigt deutlich anhand der Strukturveränderung im Tropfen, ob der Experimentator die Versuchssubstanz vor dem Auftropfen aufgenommen hat oder nicht. (Siehe Fotos Seite 95 Mitte und unten rechts). Im Tropfen hat sich ein deutlich sichtbares, sternförmiges Zentrum mit strahlendem Inneren gebildet, von dem aus sich der Tropfeninhalt sedimendatorisch anordnet (rechts). Auffällig ist der sehr breite, leuchtend helle Tropfenrand, der sich nach dem Trinken und Auftropfen des Bergkristallwassers bildet.

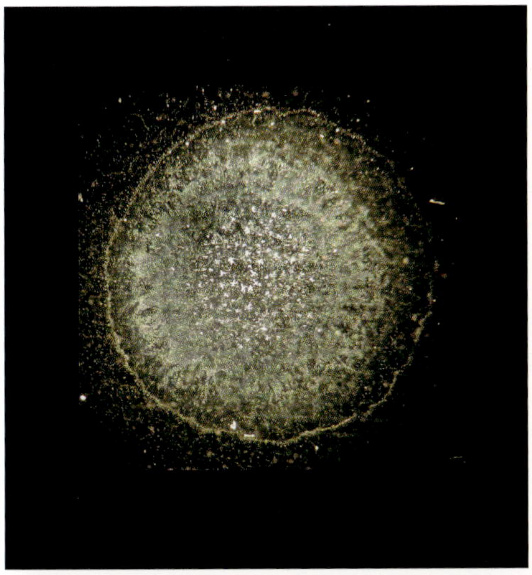

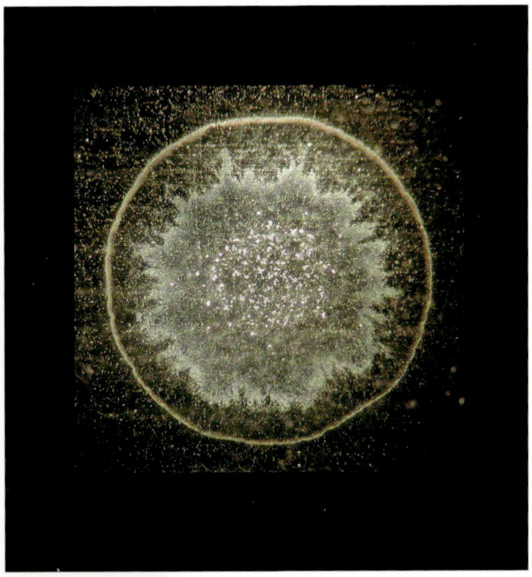

Melisse in Wasser eingelegt und Melissenwasser aufgetropft, ohne dass ein Melissenblatt gegessen wurde (links), sowie Melisse in Wasser eingelegt und Melissenwasser aufgetropft, nachdem ein Melissenblatt gegessen wurde.

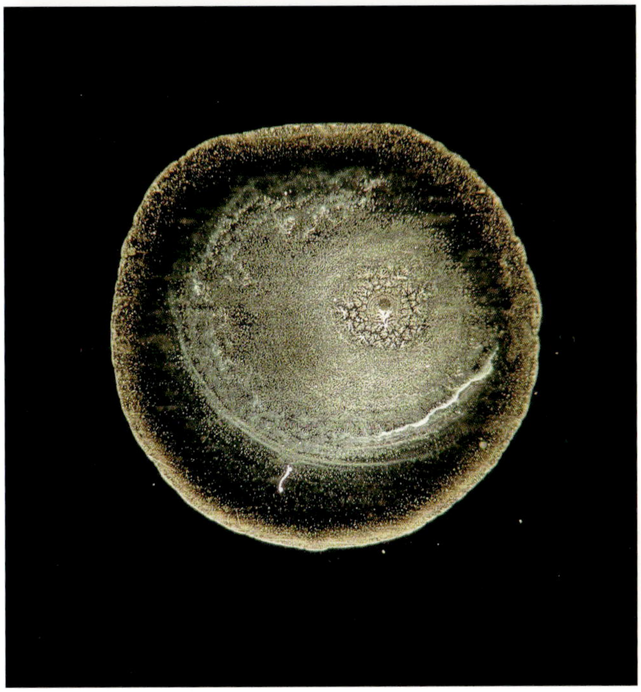

Bergkristall in Wasser eingelegt und Bergkristallwasser aufgetropft, ohne dass von diesem Wasser getrunken wurde (links), sowie Bergkristall in Wasser eingelegt und Bergkristallwasser aufgetropft, nachdem von diesem Wasser getrunken wurde.

Petersilie eine halbe Stunde in Wasser eingelegt und Petersilienwasser aufgetropft.

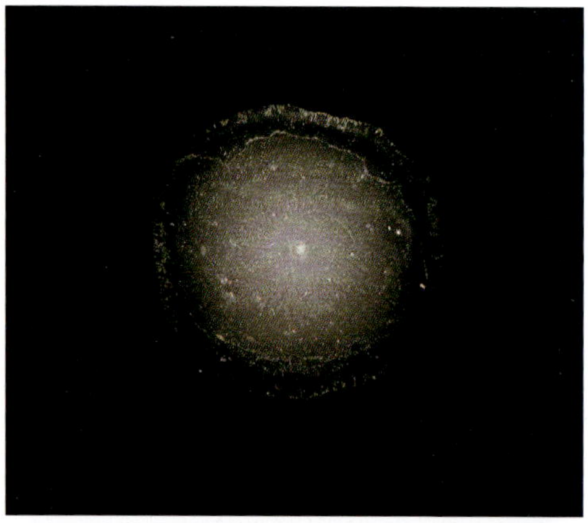

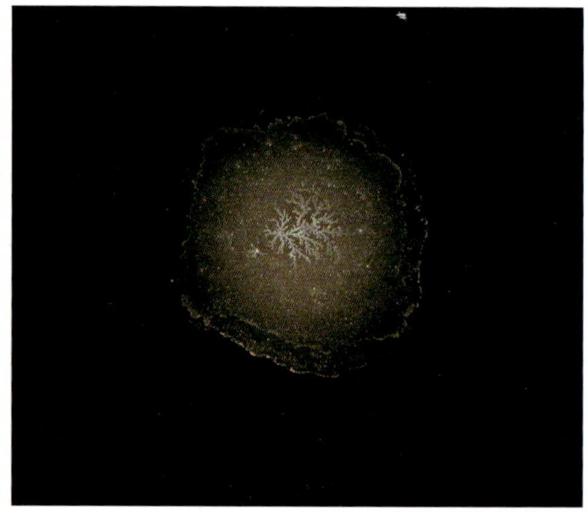

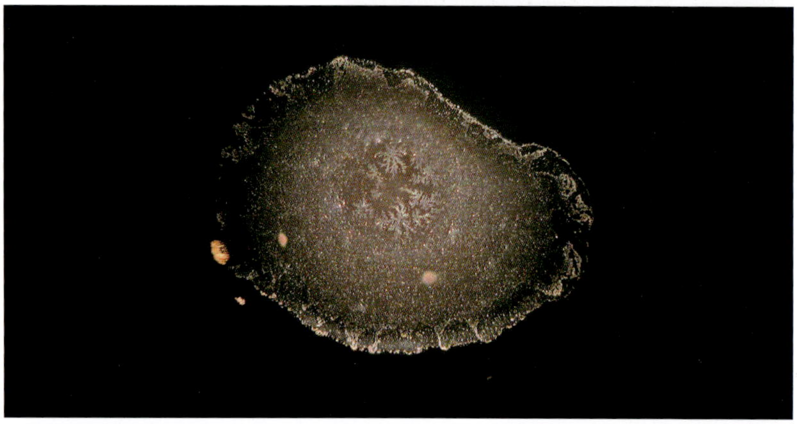

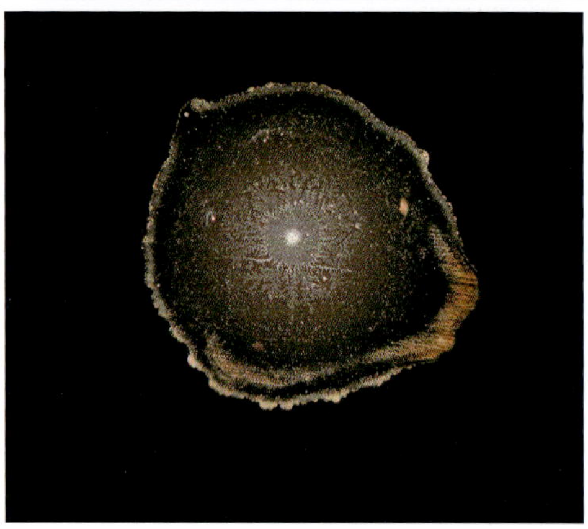

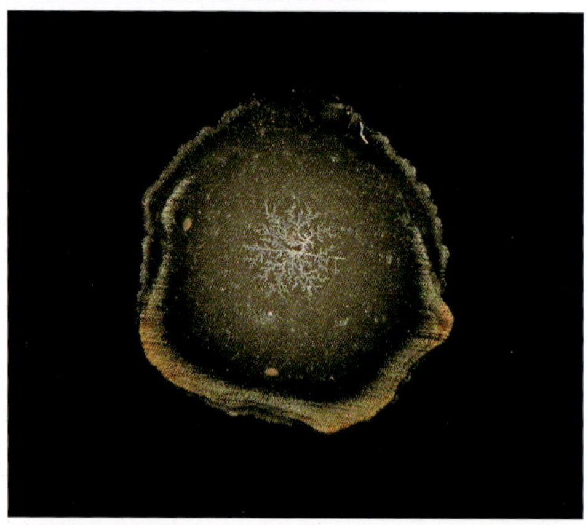

Petersilie eine halbe Stunde in Wasser eingelegt, danach von dieser Petersilie gegessen und das Petersilienwasser aufgetropft.

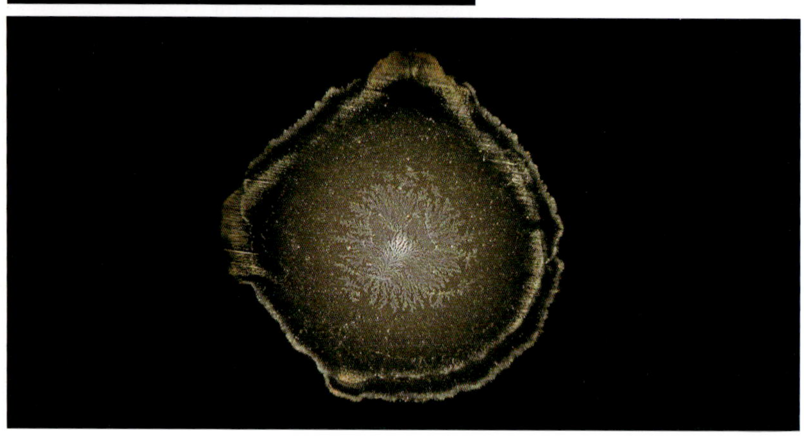

»Würstchenwasser« aufgetropft.

»Würstchenwasser«, nachdem der Experimentator zwei Würstchen gegessen hat.

Der Versuch wurde mit einem gängigen Gartenkraut, der Petersilie, ein drittes Mal wiederholt. Dafür wurde die Petersilie ein halbe Stunde lang in Leitungswasser eingelegt und das Petersilien-Versuchswasser aufgetropft. Im zweiten Schritt hat der Experimentator von der vorher eingelegten Petersilie gegessen und dann das Petersilienwasser mit einer neuen Einwegspritze gezogen und auf den Objektträger aufgetropft. Nachdem der Experimentator nicht nur das Petersilienwasser aufgetropft, sondern auch noch davon getrunken hat, scheint sich die Information im Tropfenbild zu »verdichten«: Die mistelartigen Netzstrukturen treten deutlicher hervor und sind im Zentrum des Tropfens größer geworden.

Lebensmittel oder »Würstchenwasser«

Nach den Versuchen mit Kräutern und Steinen wollten wir wissen, ob auch Lebensmittel diese deutlichen Strukturveränderungen im Tropfenbild hervorbringen. Aufgrund der Vorliebe des Experimentators haben wir uns für Wiener Würstchen (Schwein) entschieden, die im Glas konserviert werden. Würstchen im Glas werden durch eine spezielle Mixtur unter anderem aus Wasser, Konservierungsstoffen und Salzen haltbar gemacht und liefern somit das Versuchswasser »frei Haus«. Dieses Wasser mit seinen zahlreichen Substanzen haben wir »Würstchenwasser« genannt, das unter dem Dunkelfeldmikroskop wie zu erwarten ereignisreiche Fotos gebracht hat.

Der Experimentator hat im ersten Schritt des Versuchs eine Probe des Würstchenwassers gezogen, aufgetropft und unter dem Dunkelfeldmikroskop fotografiert. Anschließend hat er – zugegeben noch genussvoll – zwei Würstchen gegessen und anschließend wiederum Würstchenwasser mit einer neuen Spritze aus dem Würstchenglas entnommen und aufgetropft. Das Würstchenessen scheint die erschienenen Bildstrukturen in den Tropfen zu vergrößern und zu verstärken. Die Ausbildung der vereinzelten Kreuz-Formen tritt nach dem Würstchenessen deutlicher hervor.

Resümee: Die Sensibilität des Körperwassers, zu dem wir alle Flüssigkeiten im Körper zählen, insbesondere Speichel, Blut, Lymphe und Urin, ist überraschend. Wir erkennen, dass sich die Strukturen in diesen Flüssigkeiten spontan ändern, und diese auch wiederum die Reaktionen der Person verändern (sowohl bewusst als auch unbewusst), wenn eine Information mit der Nahrung oder als Schwingungsinformation von außen hinzugefügt wird. Wir haben Grund zur Annahme, dass die Körperwasserinformation großen Einfluss auf die Zellfunktion und die Körpersteuerung hat. Dies wird auch von Bruce Lipton (Lipton/Bhaerman 2009) und weiteren Autoren zum Thema Epigenetik angenommen. Somit sind wir als Mensch ein hochsensibles System, dessen interne Steuerung unsere Identität bewahrt, aber auch zugänglich ist für verändernde Informationen von außen. Damit wird ein möglicher Zugang für eine nicht-klassische Gesundheitsvorsorge aufgestoßen, dessen Nutzen bisher kaum abzusehen ist.

Wasser – Übertragungen der dritten Art?

Wir nennen die Versuche, die wir in diesem Kapitel zusammengefasst haben, die Übertragung der »dritten Art«. Die erste in diesem Buch beschriebene Art oder Verfahrensweise der Übertragung ist das Einlegen eines Informationsträgers (Pflanze, Steine) ins Wasser, also der direkte Kontakt mit dem Versuchswasser. Die zweite Art der Übertragung ist die Beeinflussung durch das Zufügen von Schwingungen von außen (Mobilfunk, Ultraschall etc.), die dritte Art ist die Veränderung von Wasser durch eine reine Informationsübertragung auch über eine Distanz, also eine Art Fernübertragung. Mit einem derart veränderten Wasser könnten im Prinzip Nachrichten bereitgestellt und in die Welt transportiert werden, die die Welt über Resonanz stimmen oder »verstimmen« (wie bei einer Gitarre die Saiten). Hier wird Wasser zu einem »Botschafter«.

Diese dritte Art ist bei uns in der Forschung erst am Anfang, und die Ergebnisse sind dadurch zum Teil noch von einer gewissen Vorläufigkeit gekennzeichnet. Hier geht es um Informationsübertragung durch Resonanz, homöopathische Potenzierung, Energetisierung durch Gegenstände oder Beschriftungen und durch Gedanken. Obgleich der Prozess der Konsolidierung in unserer Forschung noch andauert, sollen hier einige besonders spannende Ergebnisse vorgestellt werden, da sie die Entwicklungsrichtung und die Möglichkeiten dieser Versuchsmethodik andeuten. Diese hat unserer Meinung nach ein extrem großes Potenzial für das Wohlbefinden und Gedeihen von Pflanzen, Menschen und Tieren.

Wir nähern uns wie immer bei solchen Phänomenen erst einmal in kleinen Forschungsschritten und bleiben stets für Überraschungen, neue Wege oder unvermutete Abzweigungen offen.

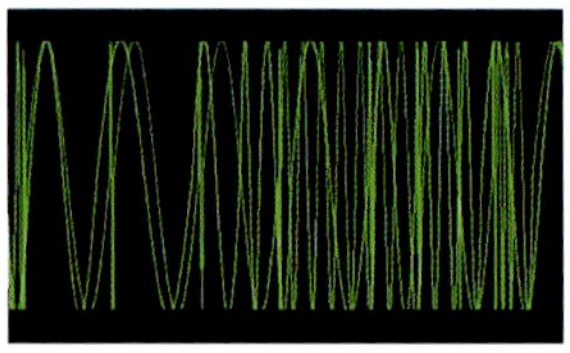

Virusanotron.

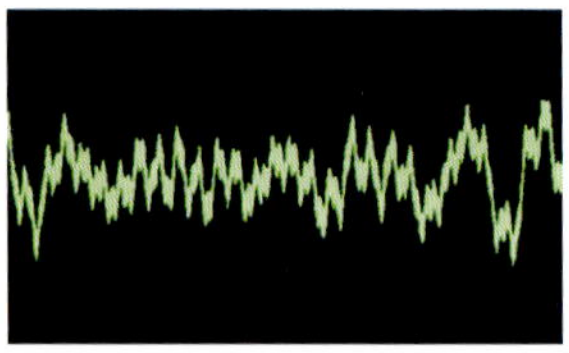

Allergodiatron.

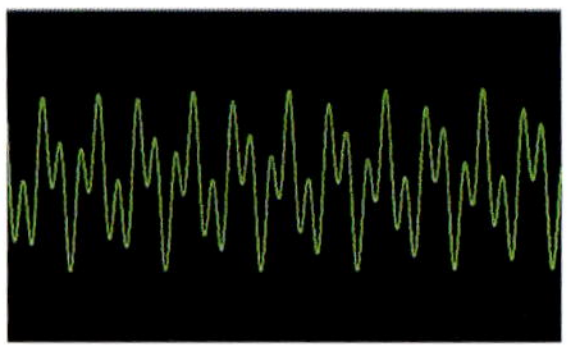

Thalastimutron.

INFORMATIONSÜBERTRAGUNG AUF DEN MENSCHLICHEN KÖRPER MIT ELEKTROMAGNETISCHEN SCHWINGUNGEN

Moderne Schwingungstherapien verwenden komplexe pulsierende elektromagnetische Frequenzmuster, die analytisch aufgebaut sind und vermessen werden können. Jedes Schwingungsmuster hat eine eigene Indikation und Wirkung. Diese Signale werden mittels eines Magnetwellensenders übertragen. Die Schwingungsmuster werden auf definierten Reflexzonen oder Akupunkturpunkten oder direkt auf den erkrankten Bereich des Körpers angewandt. Die Anwendung dieser Therapie ist schmerz- und nebenwirkungsfrei. Das hier verwendete Therapiemodul für die individuelle Therapie enthält elf Gruppen von Schwingungsmustern.

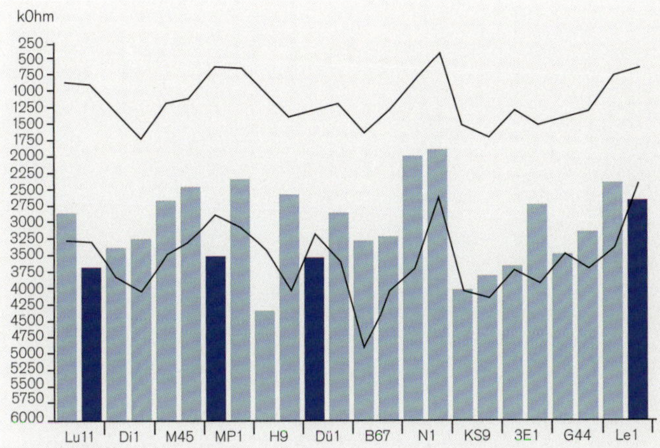

Erstes Meridianbild vor der Schwingungsbehandlung

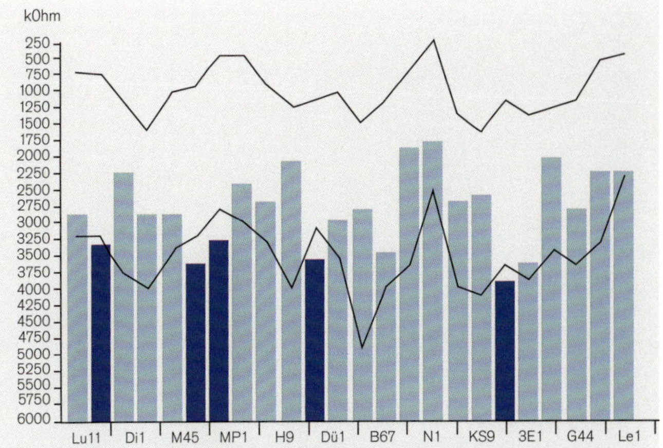

Zweites Meridianbild nach der Schwingungsbehandlung

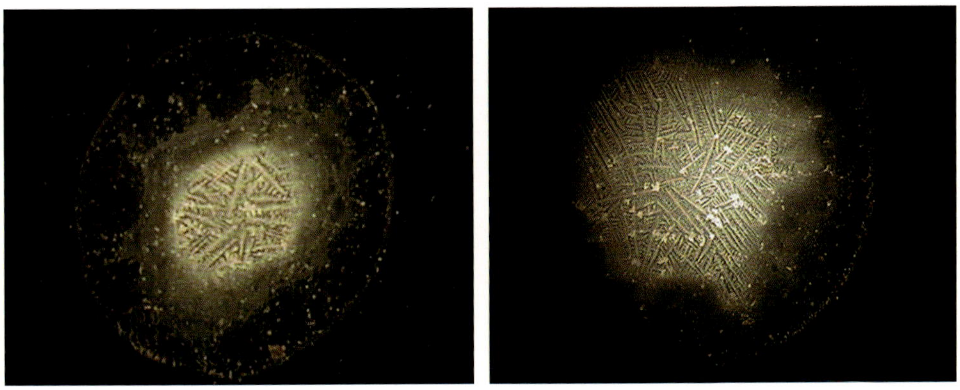

Speichelbild vor der Schwingungsbehandlung (links).

Speichelbild nach der Schwingungsbehandlung (rechts).

Für unseren Versuch verwenden wir beispielsweise eine Schwingung mit dem Namen »Allergodiatron«. Zunächst wird eine Energiemessung der Körpermeridiane durchgeführt und ein Speichelbild unter dem Dunkelfeldmikroskop angefertigt. Dann wird die Schwingung mittels eines Magnetwellensensors auf einen Akupunkturpunkt der Hand übertragen. Bei der darauffolgenden zweiten Messung der Körpermeridiane des Experimentators ist ein verändertes Energiemuster in der Grafik zu sehen.

In den Meridianen (Säulen auf der x-Achse) sind deutliche Veränderungen im Energielevel (y-Achse) durch die Schwingungsbehandlung im Chart sichtbar. Veränderungen vor und nach der Schwingungsübertragung zeigen sich auch in den Vorher-Nachher-Speichelbildern. (Siehe Fotos rechts).

Resümee elektromagnetische Informationsübertragung: In den Tropfenfotos ist deutlich die Bildveränderung nach und vor der Schwingungsbehandlung zu erkennen. Die strukturierte Zone des Speichelbildes hat sich nach der Schwingungsbehandlung deutlich vergrößert, das könnte auf eine »Öffnung der Person« hindeuten. Eine Wirkung des Magnetsensors kann somit im Tropfenfoto aufzeigt werden.

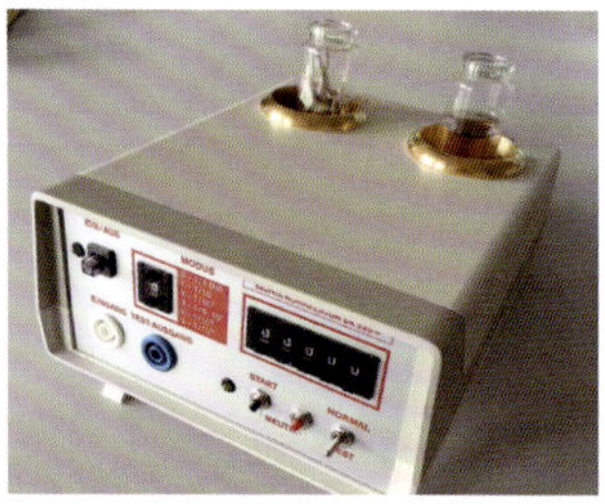

Bionik-Korrelator.

Edelweißblüten, frisch und getrocknet.

INFORMATIONSÜBERTRAGUNG ÜBER RESONANZ

Wir nähern uns nun dem Thema Informationsübertragung über Resonanz. Zunächst betrachten wir Bildveränderungen eines Tropfenbildes infolge Fernübertragung durch molekulare Resonanz. Hierfür gibt es Geräte, die zum Beispiel von Homöopathen zum Kopieren und zum Potenzieren von Arzneien verwendet werden (siehe Foto links oben). Wir möchten wissen, ob der postulierte Prozess in einem Tropfenbild sichtbar ist. Wir verwenden dazu ein handelsübliches Gerät, das nach unserem Verständnis molekulare Schwingungsspektren per Resonanz zwischen zwei nicht miteinander verbundenen Behältern überträgt. Dies wird bionische Übertragung genannt.

Das Gerät kann gemäß seines Konstrukteurs zur bioenergetischen Informationsübertragung eines beliebigen Stoffes auf eine Trägersubstanz genutzt werden, um beispielsweise Emulsionen oder Globuli herzustellen. Die zu informierende Trägersubstanz ist in unseren Versuchen natürlich das Wasser, da es unter dem Dunkelfeldmikroskop untersucht werden kann.

Das Gerät besitzt zwei Becher aus vergoldetem Messing. In den linken Becher wird die gewünschte zu übertragende Substanz in einer Glasampulle gestellt. In den rechten Becher stellen wir eine Glasampulle mit Wasser. Mithilfe des Geräts, das auf Knopfdruck mit bis zu 430 Gigahertz überträgt, werden die Informationen der energetischen Bezugssubstanz aus dem linken Becher in den rechten Becher übertragen. Uns interessiert: Sind die vermuteten Informationsübertragungen in der Wassertropfenstruktur sichtbar?

Als zu übertragende Information dienen uns getrocknete, ungespritzte Edelweißblüten. Das Referenzwasser ist ein relativ strukturloses Filterwasser.

Die Informationen der getrockneten Edelweißblüten im linken Becher werden mit Hilfe des Korrelators auf das Referenzwasser im rechten Becher übertragen, ohne die Edelweißblüten in das Wasser einzulegen. Anschließend nehmen wir eine Probe des Wassers mit den übertragenen Edelweiß-Informationen aus dem linken Becher und fotografieren sie unter dem Dunkelfeldmikroskop. Wir erkennen gegenüber dem Referenzwasser zahlreiche blütenähnliche Strukturen innerhalb der Tropfen.
Dieser Versuch wurde mit einem anderen Wasser (Quellwasser aus Italien) wiederholt und zeigte ebenfalls veränderte Tropfenbilder vor und nach der Übertragung.

Resümee des Edelweiß-Versuchs: Man sieht in beiden Versuchen nach der Übertragung deutlich blütenähnliche Strukturen im Versuchswasser, sodass man davon ausgehen kann, dass eine Informationsübertragung, die auch geometrische Informationen überträgt, stattgefunden hat. Dies bedeutet, dass mit dem Verfahren auch Ordnungsstrukturen übertragen werden können. Weitere Versuche in Zukunft sollen diese These untermauern.

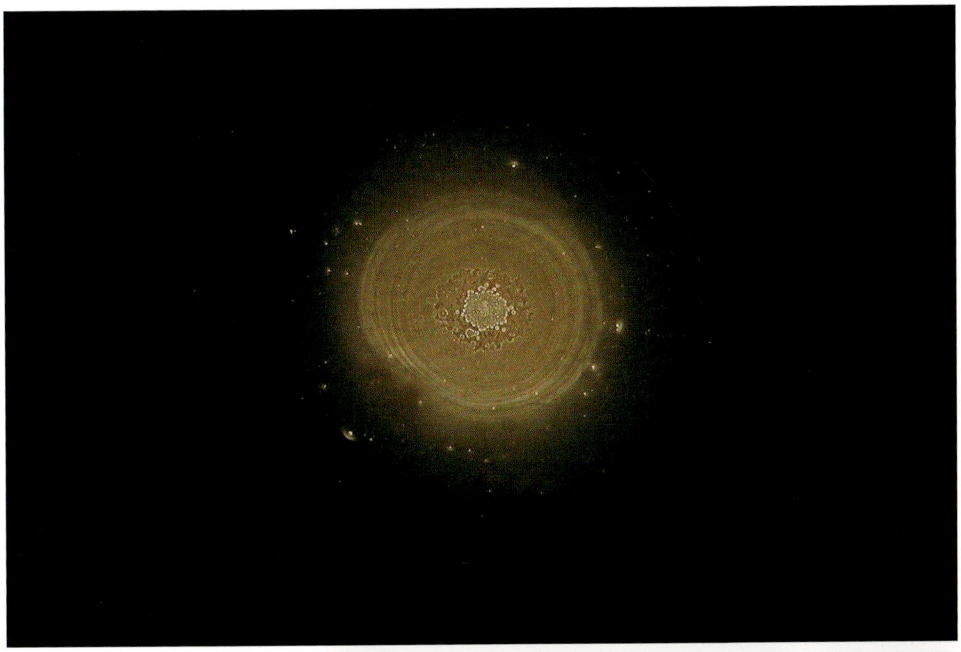

Referenzwasser (Filterwasser).

Referenzwasser nach Übertragung der Edelweiß-Information.

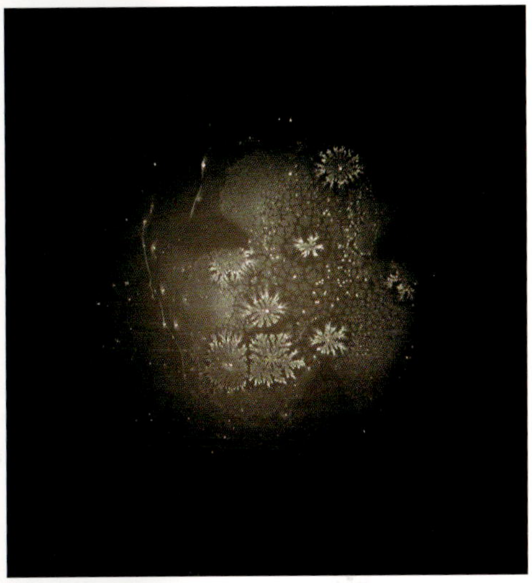

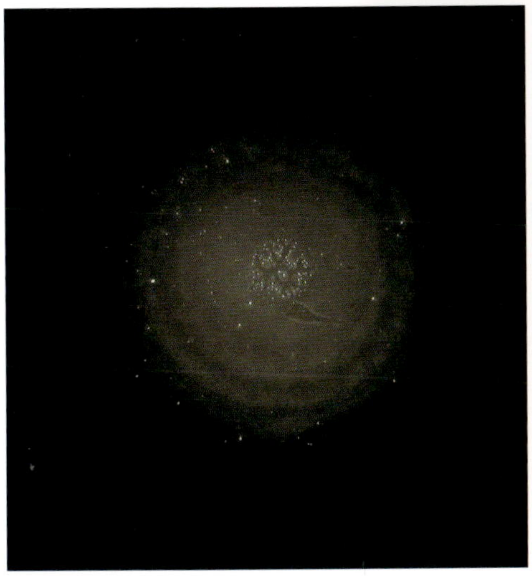

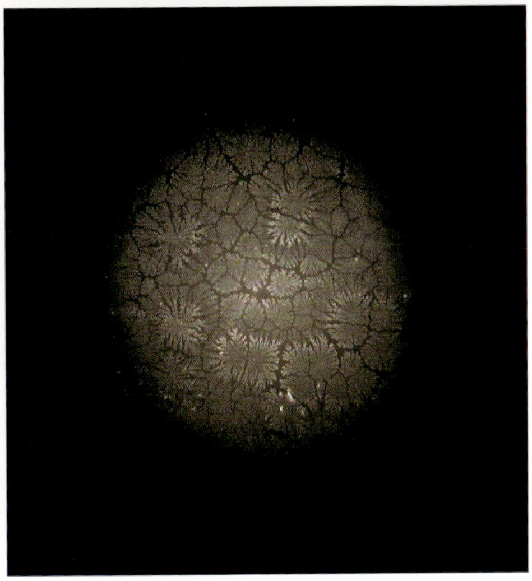

Edelweiß-Information, trocken, übertragen auf ein anderes Versuchswasser (italienisches Wasser) vor Übertragung (links), nach Übertragung (rechts).

Potenz Ignatia D3 (links) und Potenz Ignatia C50 000 (rechts).

HOMÖOPATHIE

Ermutigt durch frühere Versuche haben wir erneut Untersuchungen zur Homöopathie durchgeführt. Die ersten aufgenommenen Essenzen waren Ignatia Potenz D3 und Ignatia Potenz C50 000. Bei der Potenz D3 kann man noch Reste der stofflichen Substanz in der Flüssigkeit erwarten, doch C50 000 ist weit oberhalb der Grenze, bei der sich statistisch noch der Ursprungsstoff in der Flüssigkeit befinden kann. Die Fotos der beiden potenzierten Wässer sind auf dieser Seite oben dargestellt.

Man sieht, dass das Bild der hohen Potenz eine deutlich filigranere Strukturierung enthält, obgleich statistisch kein Stoff mehr enthalten sein kann. Dieses Phänomen hat uns jahrelang beschäftigt, und daher wurde das Foto »Potenz Ignatia C50 000« zum Icon und Sinnbild für unsere jährlich stattfindenden Ausstellungen »Welt im Tropfen«.

Die nächsten Versuche zeigen automatische Potenzierungen über ein Resonanzgerät, das heißt, die Potenzen werden nicht durch klassische Handpotenzierung hergestellt, sondern durch das erwähnte Bio-Korrelator-Gerät. In den rechten Becher des Gerätes wird die zu übertragende Substanz gegeben (Globuli) und in den linken Becher ein Referenzwasser. Am Gerät kann die Potenzierung eingestellt werden, die anschließend auf das Wasser im linken Becher übertragen wird. So entstehen Informationsübertragungen, die in den Tropfen sichtbar sind.

Strukturveränderungen sind in den Fotos auf Seite 105 obere Reihe auch oberhalb der Loschmidt-Zahl sichtbar, ab der statistisch keine Materie mehr im Wasser vorhanden ist. Die Loschmidt-Zahl wird bei den Potenzen D24 und C12 erreicht.

Strukturveränderungen sind auch auf Seite 105 unten bei der Nux Vomica 1:1 Übertragung von D30 und von D3 auf D30 deutlich sichtbar.

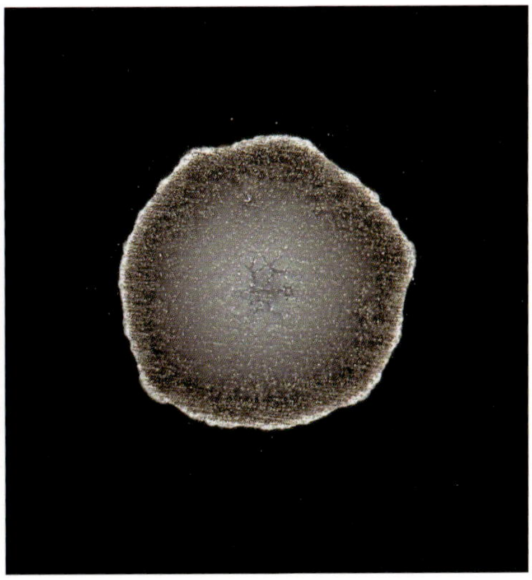

Nux Vomica D3 auf Wasser übertragen.

Nux Vomica C200 auf Wasser übertragen.

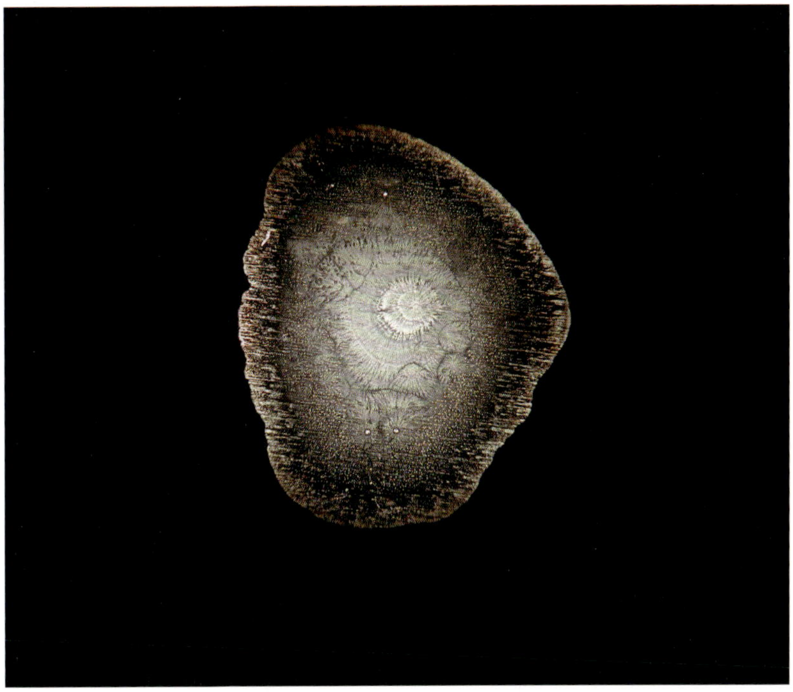

Nux Vomica D30 auf Wasser übertragen.

Nux Vomica D3 auf D30 im Gerät potenziert und auf Wasser übertragen.

Resümee Potenzierung: Die Versuche zeigen, dass, auch wenn keine Partikel mehr zur Formung des Bildes im Wasser erwartet werden können, ausgeprägte Strukturbildungen im Wassertropfenbild stattfinden, ein ähnliches Phänomen wie beim untersuchten destillierten Wasser aus der Meerwasserentsalzungsanlage. Wir müssen also darüber nachdenken, ob es andere strukturbildende Eigenschaften außerhalb der materiellen Beimengungen wie Mineralien, Kalke etc. im Wasser gibt.

ESSENZEN

Eine weitere, seit Langem praktizierte Informationsübertragungsmethode auf das Wasser ist die Herstellung von Essenzen. Essenzen werden entweder durch direkte Pflanzenextrakte hergestellt oder – wie in unserem untersuchten Versuch – durch Informationsübertragungen von Pflanzen, Steinen usw. auf das Wasser. Anwendung finden Essenzen im Bereich der Unterstützung der Gesundheit. Sie sind insbesondere in lateinamerikanischen Ländern stark verbreitet. In europäischen Gefilden sind besonders die Bachblüten bekannt, die im vorigen Jahrhundert von Dr. Bach in England hergestellt wurden. Auf Seite 107 rechts sieht man beispielsweise, wie Rescue-Tropfen, die für die Einnahme mit Leitungswasser verdünnt wurden, im Tropfenbild aussehen.

Für uns waren die mit geistiger Unterstützung von Personen hergestellten, lateinamerikanischen Essenzen von besonderem Interesse, also die, deren Informationen auf die Weise übertragen wurden, dass sich beteiligte Schamanen physisch in der Nähe dieses Wassers aufhielten, oder mit Hilfe bewusst herbeigeführter geistiger Prozesse Informationen an das Wasser weitergleitet haben. Also versuchten wir, diesem unserem Weltbild eher nicht so geläufigen Phänomen nachzugehen.

Auf Seite 107 unten sehen Sie zwei Fotos von südamerikanischen Essenzen, die durch mentale Übertragung hergestellt wurden und die sich durch eine klare Struktur und eine auffällige Farbigkeit auszeichnen. Im rechten Foto sieht man eine Art Pfeil durch das Tropfenbild fliegen. Derartige Strukturen treten manchmal unsystematisch auf. Ihre Herkunft ist uns noch nicht klar, was regelmäßig gewagte Vermutungen und Erklärungsversuche hervorbringt.

So wuchs unser Wunsch, diese Prozesse zu untersuchen. Und wir wollten die Frage klären, ob es zur mentalen Übertragung besonderer Begabung bedarf. Wir beschlossen, zunächst die Wirkung der Nähe und danach die der geistigen Beeinflussung zu untersuchen. Dabei kam uns ein Ereignis zur Hilfe.

Beschriftete Flasche mit Versuchswasser der heiligen Quelle.

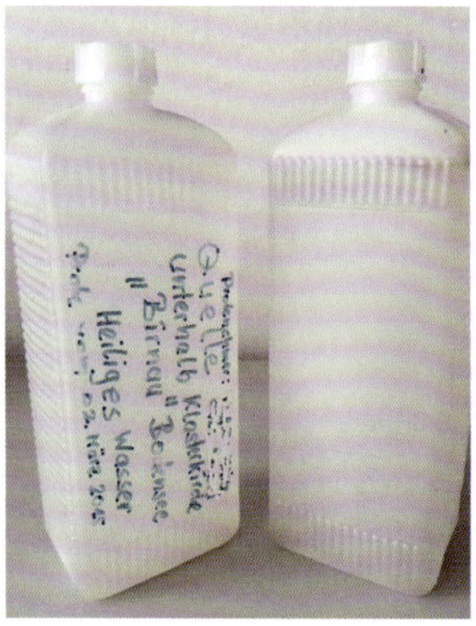

BESCHRIFTEN

Traditionell werden manchen Quellen heilige Wirkungen zugesprochen, und wir werden immer wieder gefragt, ob man dies im Tropfenbild sehen kann. Wir haben dazu noch keine Methode entdeckt, finden jedoch, dass die Wässer sehr unterschiedlich in ihrer Sensibilität und Stabilität sind. Ein stabiles Wasser verändert sich nicht so leicht unter äußeren Einflüssen, ein sensibles Wasser nimmt Informationen von außen leichter auf. Die Bestimmung dieser Eigenschaften blieb bisher dem geübten Beobachter überlassen. Aber wie so oft ereilte uns auf unserer Forschungsreise eine Überraschung.

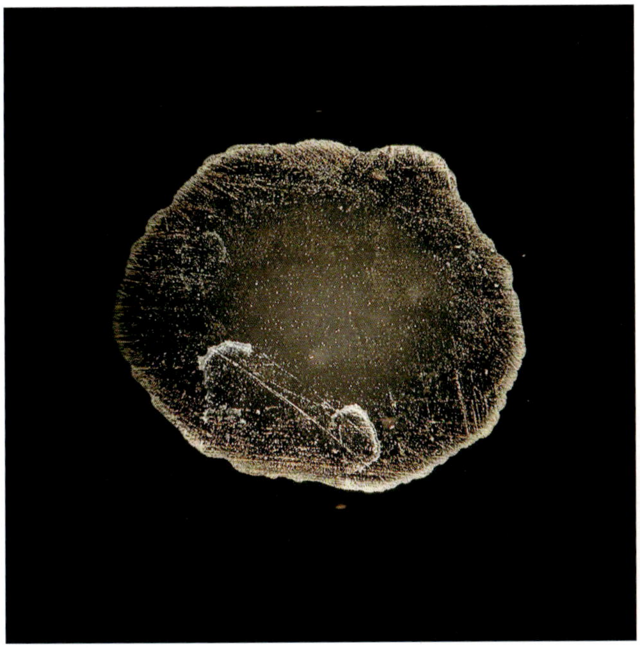

Referenzwasser (links).

Rescue-Tropfen für die Einnahme mit dem Referenzwasser verdünnt (rechts).

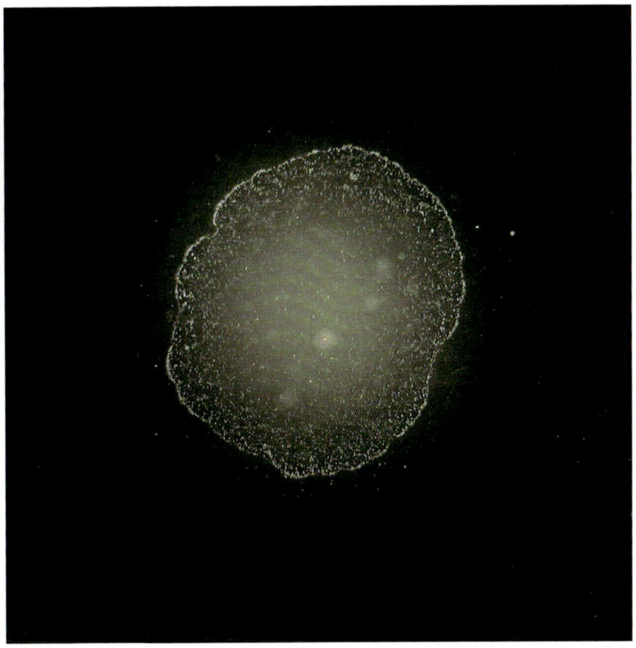

Essenzen aus Südamerika.

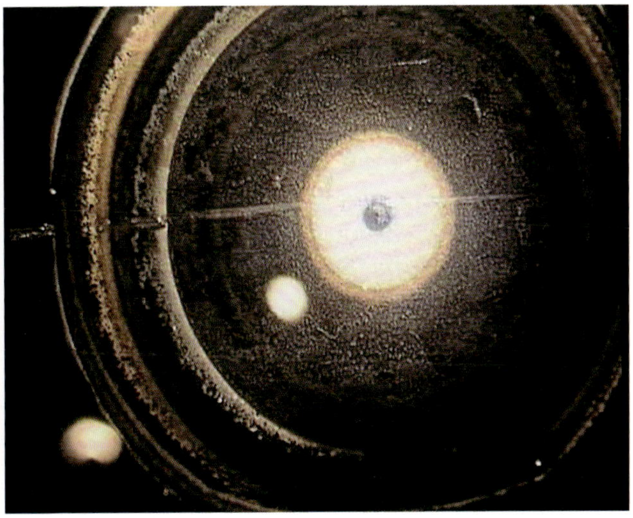

Wasser aus einer heiligen Quelle am Bodensee, Flasche unbeschriftet.

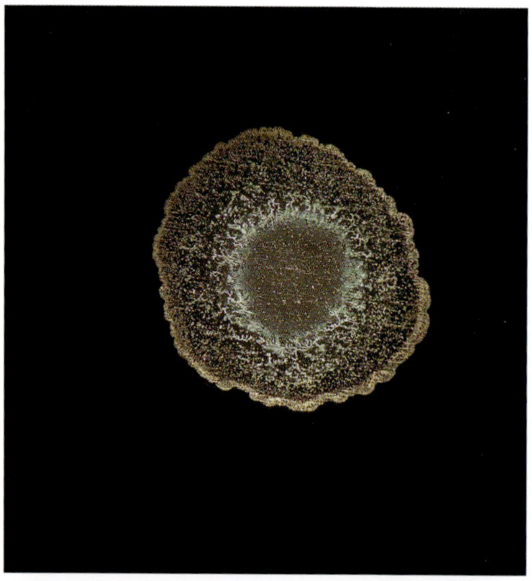

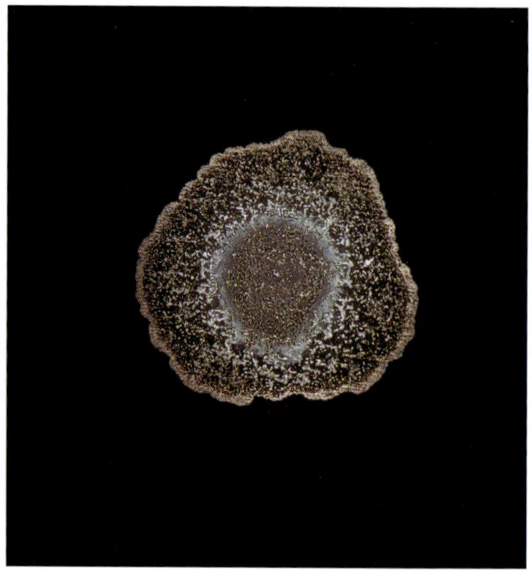

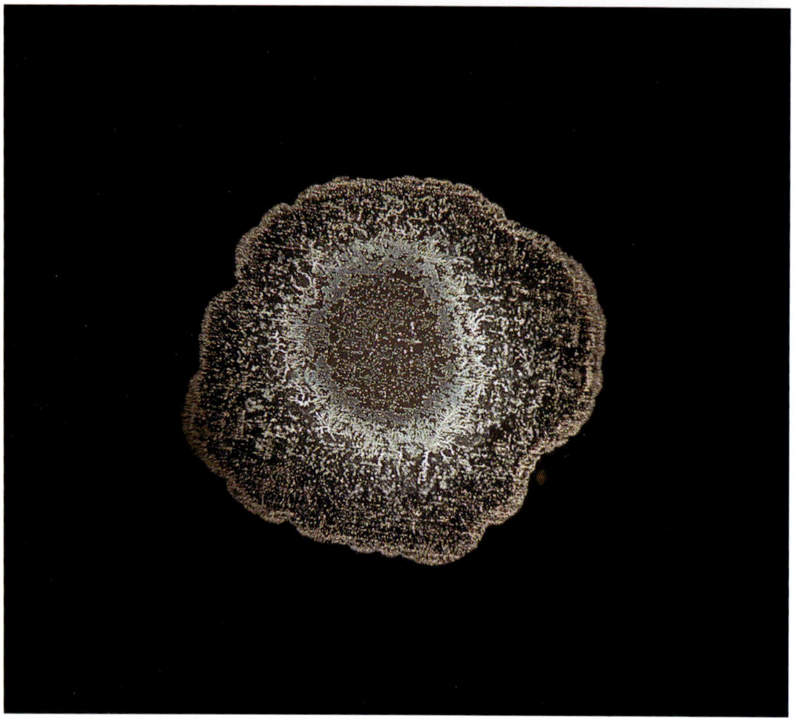

Wir erhielten zwei Flaschen Wasser von einer »heiligen« Quelle am Bodensee mit der Bitte, Tropfenfotos davon aufzunehmen. Wir taten dies wie immer gern, mussten jedoch feststellen, dass trotz zweier identischer Flaschen, in denen das Wasser zu uns gebracht wurde, die Tropfenbilder aus den beiden Flaschen jeweils sehr verschieden waren. Dieser Unterschied bestätigte sich in mehreren Auftropfversuchen. Anschließend stellten wir fest, dass die eine Flasche beschriftet war, die andere jedoch nicht. Die Bildreihe auf Seite 108 zeigt die Tropfenfotos von der unbeschrifteten Flasche, die auf der nächsten Seite Tropfenfotos von der beschrifteten Flasche.

Dieselbe Person hat das Versuchswasser an der Quelle am Bodensee entnommen, aber nur eine Flasche mit dem Versuchsort, dem Datum und dem Namen der entnehmen-

Wasser aus der gleichen Quelle am Bodensee, Flasche beschriftet.

den Person beschriftet. Hier kann erstmalig die Signaturveränderung des Wassers an mehreren Bildern gezeigt werden. Die Beschriftung der Flasche stellt für das Wasser anscheinend eine Information dar.

Nun kann man sich erinnern, dass vor einigen Jahren Fotos von Masaru Emoto (Emoto, 2014) um die Welt gingen, die Wasser als Schneekristalle entweder mit sehr schönen, gleichmäßigen oder sehr hässlichen, unstrukturierten Kristallstrukturen zeigten. Zuvor waren von ihm Flaschen, in denen sich das Wasser befand, mit positiven Worten wie Worten »Gott« oder negativen wie »Teufel« beschriftet worden. Diese Fotos waren allerdings nach Emotos eigenen Angaben in der Art nicht wiederholbar. Seine Bilder haben aber viele Menschen für die Bildersprache des Wassers sensibilisiert.

WASSER MIT UNTERGELEGTER VISITENKARTE

Als Nächstes probierten wir, ob es einen Übertragungseffekt auf das Wasser gibt, wenn man unter das Referenzwasser eine Visitenkarte legt. Die Visitenkarte stammt von einem Mitarbeiter unserer Firma und wurde nicht besonders behandelt. Man erkennt auf den Fotos, dass sich die Bildstruktur im Tropfen durch das Unterlegen einer Visitenkarte unter das Versuchsglas verändert hat.

Wir haben den zweiten Versuch mit der untergelegten Visitenkarte unter ein Wasserglas auch noch einmal eine Woche später wiederholt und ebenfalls diese Strukturveränderungen in den Wassertropfen nach Unterlegen der Informationen unter das Wasserglas erhalten.

Resümee: Veränderungen im Tropfenbild können durch Informationen erfolgen, die von anderen Gegenständen auf das Wasser übergehen: Zum Beispiel können wir Veränderungen des Tropfenbildes nicht nur bei der Herstellung von Essenzen, sondern auch durch eine Beschriftung einer Wasserflasche oder durch das Unterlegen einer Visitenkarte unter das Versuchsglas beobachten. Daraus kann man schließen, dass dies auch durch Mandalas, der Blume des Lebens und ähnliche gebräuchliche Symbole bewirkt werden könnte. Die Informationen der Bilder wirken auf das Wasser, beziehungsweise ihre Anwesenheit beeinflusst das anschließend aufgenommene Erscheinungsbild der Tropfenfotos.

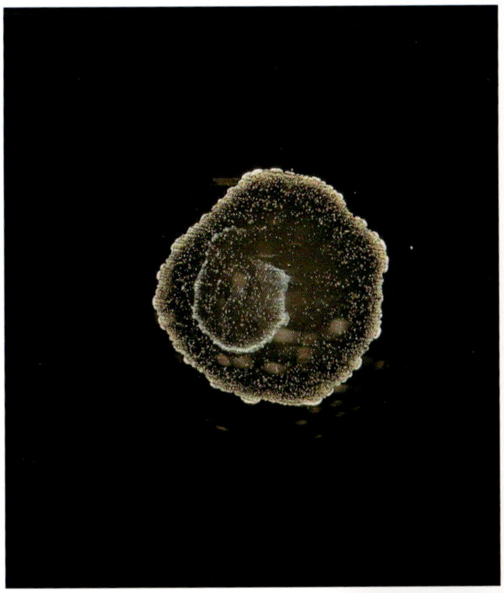

Levitiertes Wasser (links).

Levitiertes Wasser mit untergelegter Visitenkarte (rechts).

Leitungswasser (links).

Leitungswasser mit untergelegter Visitenkarte (rechts).

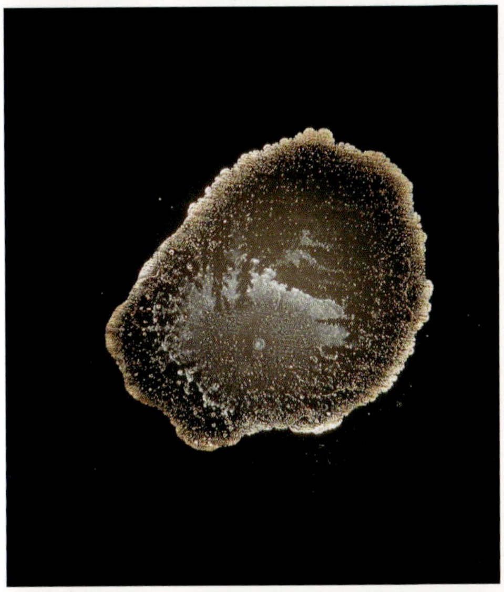

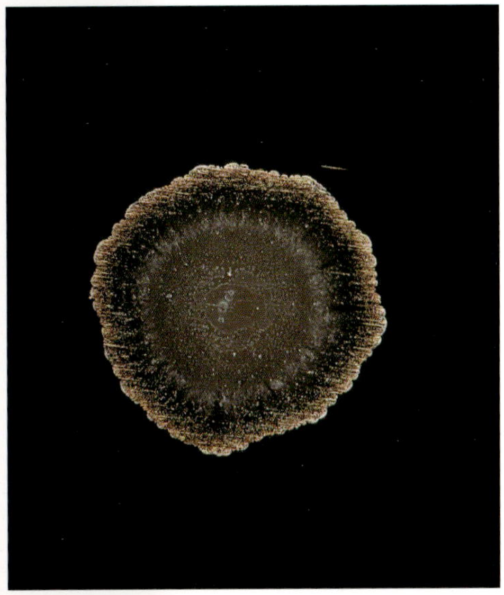

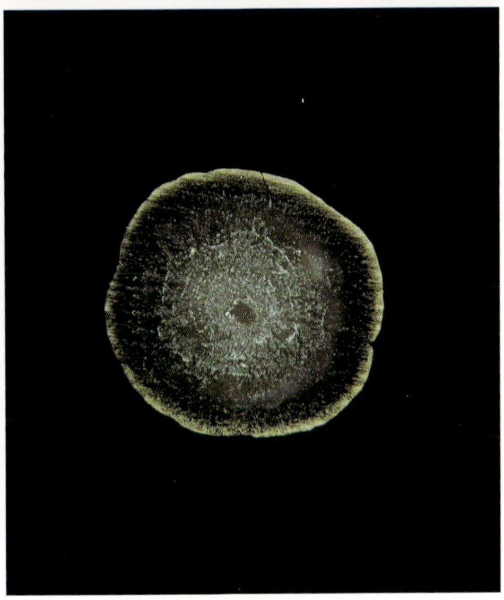

Leitungswasser ohne (links) und mit untergelegter Visitenkarte (rechts).

MENTAL UNTERSTÜTZTE ÜBERTRAGUNG

Als Nächstes haben wir die Wirkung von einer rein mentalen Unterstützung auf die Strukturbildung im Wassertropfen untersucht. Die mentale Unterstützung bestand darin, dass sich der Experimentator auf die Zentrumsbildung im Tropfenbild konzentriert hat. Das Wasser wurde beeinflusst durch die mentale Aufforderung: »Bitte, bilde ein Zentrum.« Auf Seite 112/113 sehen Sie typische Fotos, die aus drei Versuchen an verschiedenen Tagen ausgewählt wurden.

Man erkennt, dass bei Wasser mit mentaler Beeinflussung der Rand des Tropfens jeweils glatter ist und es dort eine verstärkte Zentrumsbildung gibt. Dies ist durchgängig in allen Tropfen dieser Versuchsreihe zu bemerken und deutet darauf hin, dass geistige Beeinflussungen von Tropfenbildstrukturen bei der entsprechenden Konzentration möglich sind. Ähnliche Beobachtungen wurden auch von Igor Jerman auf der 10. Internationalen Wasserkonferenz 2015 in Warna berichtet, der die Tropfenbildstrukturen unter anderem durch Meditation verändert hat. (Jerman 2015)

Resümee mentale Beeinflussung: Nach diesen Ergebnissen an verschiedenen Tagen gehen wir davon aus, dass Strukturbildungen im Wasser von Gedanken beeinflusst werden können.

Erster Versuch

Erster Versuch ohne mentale Unterstützung (links).

Erster Versuch mit mentaler Unterstützung (rechts).

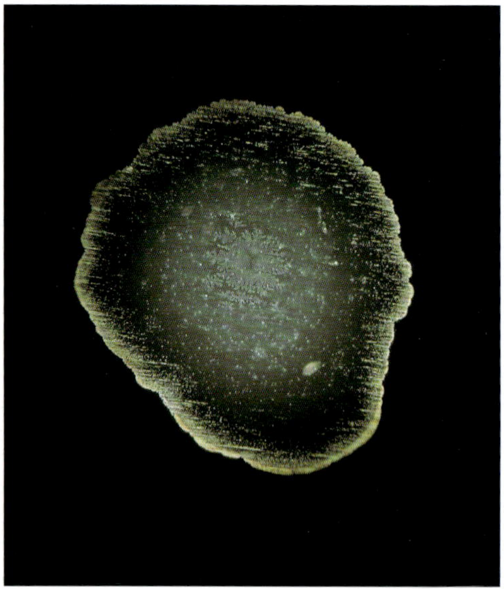

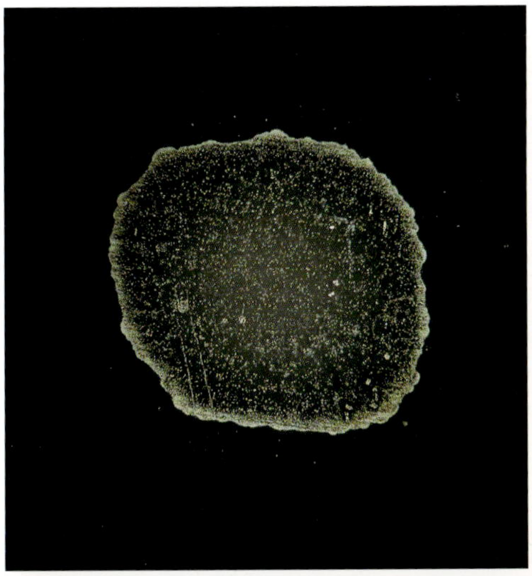

Zweiter Versuch

Zweiter Versuch ohne mentale Unterstützung (links).

Zweiter Versuch mit mentaler Unterstützung (rechts).

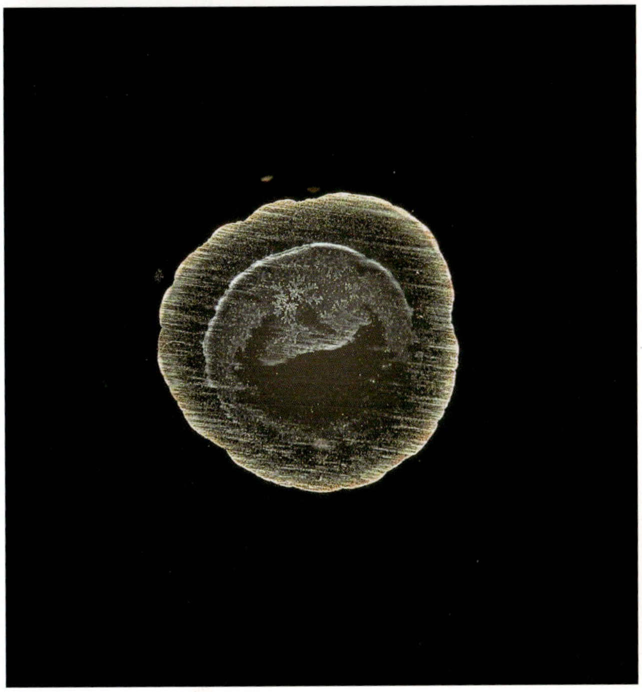

Dritter Versuch

Leitungswasser ohne (links) und Leitungswasser behandelt mit mentaler Unterstützung (rechts). Die Wasserprobe mit der mentalen Beeinflussung wurde während des Gedankenprozesses nicht in der Hand gehalten.

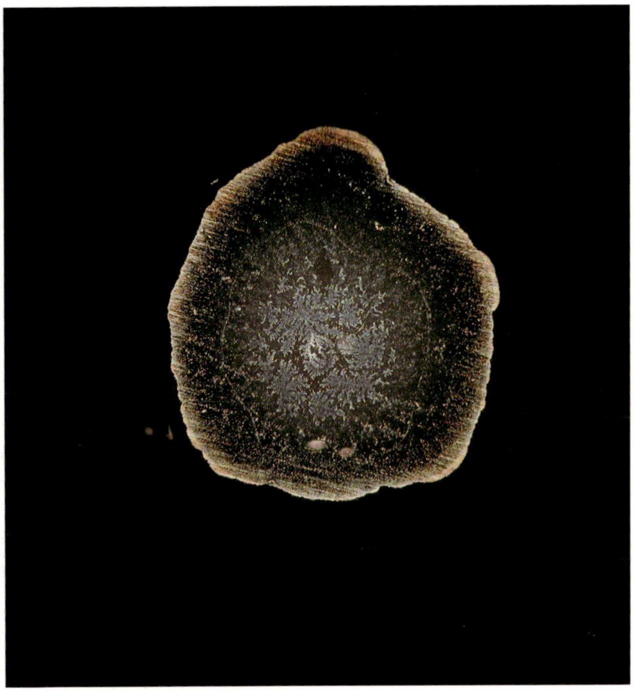

NEUTRALISIERUNG VON ELEKTROMAGNETISCHEN WELLEN

Die vorherigen Ergebnisse haben uns ermutigt, einem weiteren Forschungsansatz zu folgen. Dieser geht davon aus, dass es möglich sei, elektromagnetische Wellen so zu verändern, dass die häufig berichteten und im Kapitel 3 gezeigten körperlichen Verstimmungen und Auswirkungen unterbleiben, sodass Computer und Mobiltelefone statt zu beeinträchtigen eher zu einem Helfer für die Erhaltung von harmonischen Körperfunktionen werden können.

Das klingt natürlich revolutionär, und wir wollten das ausprobieren. Hierzu führten unsere allerersten Vorversuche zu einem Gerät, das diese Veränderung bei Computern oder Mobiltelefonen hervorbringen soll. In diesem Gerät sind mental umprogrammierte Flüssigkristalle enthalten. Die damit erzeugten Wirkungen zeigen die folgenden Speichelbilder, die aus einer größeren Versuchsserie als typisch ausgewählt wurden (siehe Seite 115).

Doch erst einmal Bilder ohne die Beeinflussung durch dieses Gerät. Links sieht man den Speichel einer Versuchsperson, bevor sie an einem Laptop gearbeitet hat. Rechts sieht man die Speichelaufnahme dieser Person, nachdem sie 45 Minuten Büroarbeit an einem normalen Laptop erledigt hat.

Diese Fotos wurden am ersten Tag aufgenommen. Am nächsten Tag hat dieselbe Versuchsperson an einem »entstörten« Laptop gearbeitet, also an einem Laptop, der mit dem zur Verfügung gestellten Flüssigkristall-Device bearbeitet wurde. Danach wurden die Speicheltropfen der Versuchsperson wiederum aufgetropft und fotografiert.

Resümee Laptop-Versuch: An den ersten Ergebnissen kann man erkennen, dass sich das Speichelbild nach der Arbeit am entstörten Laptop nicht so verengt wie beim Arbeiten am nicht entstörten Laptop. Auch die Strukturen innerhalb des Tropfens »verarmen« nicht mehr. Diese Aufnahmen ermutigen uns, an diesem Thema in der Forschung weiterzuarbeiten. Daher werden die Forschungen an diesem Device sicherlich interessant werden.

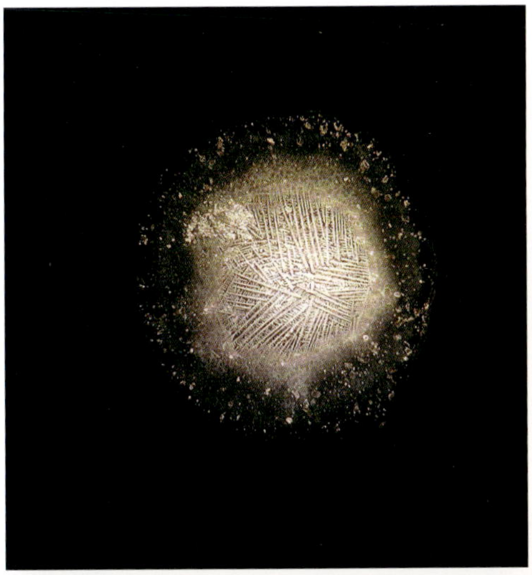

Speichel vor der Arbeit am Laptop (links).

Speichel nach 45 Minuten am normalen Laptop (rechts).

Speichel vor der Arbeit am Laptop (links).

Speichel nach 45 Minuten Arbeit an einem entstörten Laptop (unten).

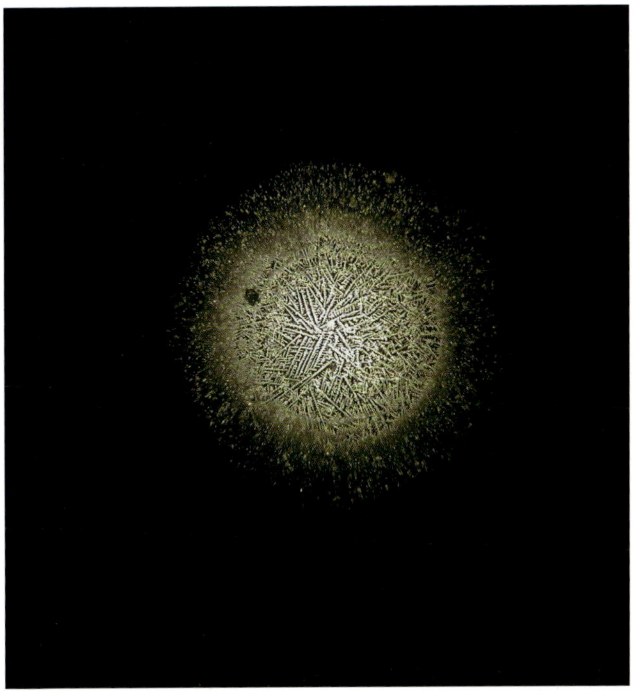

DAS QUANTENFELD

Bisher haben wir uns in der Welt der physikalischen Bilder bewegt und uns somit begnügt, die Erscheinungen, die unsere Sinne aufnehmen, als Wirklichkeit zu interpretieren.

In diesem Kapitel aber wollen wir nachschauen, ob unsere Sinne die Erscheinungen bilden, also die Informationen aus der Wahrnehmung von Stoff und Form und der Formänderung der Bilder »konstruieren«. Um die Bildpunkte in Position zu bringen, sind Kräfte und Wege nötig, also Energie. Wir benötigen also Energie als Input.

Information – Erscheinung – Form – Stoff – Output	Energie Input

Nun hat die moderne Physik seit Planck, Heisenberg und Einstein ein Urfeld im Weltall eingeführt und damit postuliert, dass alles mit allem verbunden sei. Dieses Quantenfeld ist ein Energiefeld, und jedes Teilchen besteht aus Arten von Energiequanten mit einem identifizierbaren Energiemuster. – Die klassische Teilchenvorstellung der Materie wird hier in diesem Erklärungsmodell nicht benötigt. – Die Energiemuster stellen neben Energie auch Information dar. Viele Wissenschaftler versuchen seitdem durch den Nachweis von gleichartiger Bewegung weit voneinander entfernter Teilchen diese Theorie zu bestätigen, und berichten von ihren Erfolgen (Warnke 2013).

Die moderne Biologie postuliert, dass unser Körper als organisierter Zellverbund nicht allein von den Genen determiniert wird, sondern dass die Zellen über ihre Zellmembranen über Reize aus der Umgebung gesteuert werden. Hierbei spielt sicher auch das Zellwasser eine erhebliche Rolle (Pollack 2006). Diese Reize aus der Umgebung kommen aus der Umwelt und über den menschlichen Geist, der auf das Quantenfeld zugreifen und eine Verbindung zu unserer geistigen Existenz aufbauen kann (Lipton 2009), die unabhängig von unserem Körper im Quantenfeld existiert.

Vor diesem Hintergrund sind die dokumentierten Phänomene in unseren Tropfen nicht mehr ganz so rätselhaft. Über unseren Geist sind wir prinzipiell mit dem Quantenfeld verbunden und dies erlaubt uns, Energieströme zu aktivieren. So könnten wir prinzipiell sogar mit dem Geist Materie bewegen, wenn wir die Begabung oder die Übung dazu hätten.

Soweit die Theorie. Die Frage ist nun, wie nähern wir uns diesen Phänomenen, denn sie müssten sich doch auch im Wasser zeigen lassen.

SIND UNSERE GEDANKEN ELEKTROMAGNETISCH UND SOMIT ABSCHIRMBAR?

Wir wollten der Frage nachgehen, ob Gedanken elektromagnetische Felder sind. Wenn ja, dann müsste man diese durch einen Faradaykäfig aus Mu-Metall abschirmen können. Wir haben uns dafür selber einen größeren Faradaykäfig gebaut.

Faradaykäfig mit Wasserprobe außen und Wasserprobe innen.

Bei unserem Versuch wurde eine Wasserprobe in einem Glasfläschchen innen, eine außen und eine Referenzprobe mehr als 1,5 Meter entfernt aufgestellt. Beide im Bild rechts zu sehenden Fläschchen wurden fünf Minuten lang mental durch Konzentration zur Zentrumsbildung angeregt.

Die Bilder von der Wasserprobe innerhalb und außerhalb des Käfigs zeigen einen deutlichen Unterschied zur Referenzwasserprobe. Die mentale Aktivierung scheint also funktioniert zu haben. Die Probe außerhalb des Faradaykäfigs zeigt eine deutlichere Zentrumsbildung als die Wasserprobe im Faradaykäfig. Der Käfig konnte aber die Zentrumsbildung nicht verhindern. Da die elektromagnetische Feldstärke mit unseren im Labor vorhandenen üblichen Messgeräten für Baubiologie (Messbereich von 0,8 bis 2,5 GHz) nicht messbar war, gehen wir davon aus, dass die Strukturbildung im Tropfen zumindest nicht allein von elektromagnetischen Gedankenwellen hervorgerufen wurde. Vielmehr deuten die Ergebnisse darauf hin, dass die Wellen des Geistes wohl anderer als elektromagnetischer Art sein müssten.

Schauen Sie sich die drei Tropfenbildvergleiche der drei Versuche an, die wir an verschiedenen Tagen durchgeführt haben.

Unsere Forschung führt zu regem Gedankenaustausch und zu Versuchen, die wir zusammen mit anderen Forschern gemeinsam durchführen. Als eines Tages Carlos Orosco aus Mexiko zu uns ins Labor kam und vorschlug, zu versuchen, mit unserer Tropfenmethode Quantenfelder abzubilden, waren wir zunächst ungläubig, aber generell wie immer sofort versuchsbereit. Er hatte einen sogenannten Quantenfeldgenerator dabei, der im Kern aus einer Tesla-Spule bestand, und hat uns eine Einführung in die praktische Handhabung dieses Gerätes gegeben. Nach vielen vorbereitenden Versuchen haben wir ein konzentriertes Quantenfeld nach seinen Angaben aufgebaut und geprüft, ob wir damit eine Strukturveränderung in den Wassertropfen erkennen können. Für diesen Versuch wurde ein Referenzwasser für fünf Minuten in einem Glasfläschchen in ein Quantenfeld gestellt, anschließend aufgetropft und fotografiert. Ob dieses erzeugte Feld tatsächlich das postulierte Quantenfeld ist, müssen wir noch offen lassen. Trotzdem sind die Ergebnisse dieser Versuche hochinteressant.

Die Bilder, die sich daraus entstanden, geben einen Einblick in die Strukturveränderungen, die wir unter dem Dunkelfeldmikroskop beobachten konnten (siehe Seite 120/121).

__1. Versuch__

Referenzwasser (links).

Wasser außerhalb des Käfigs aktiviert (rechts).

Wasser im Käfig aktiviert (unten).

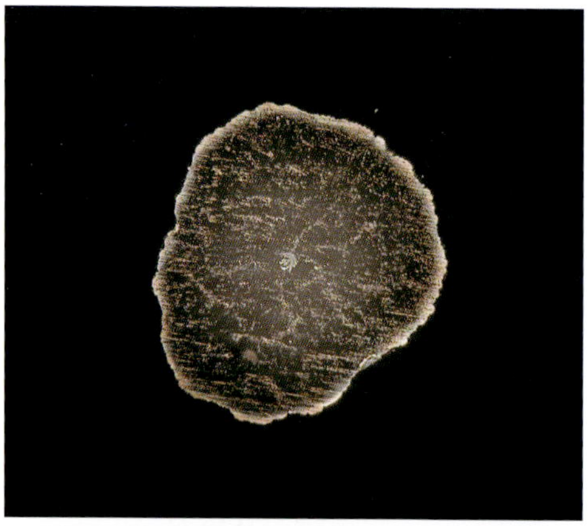

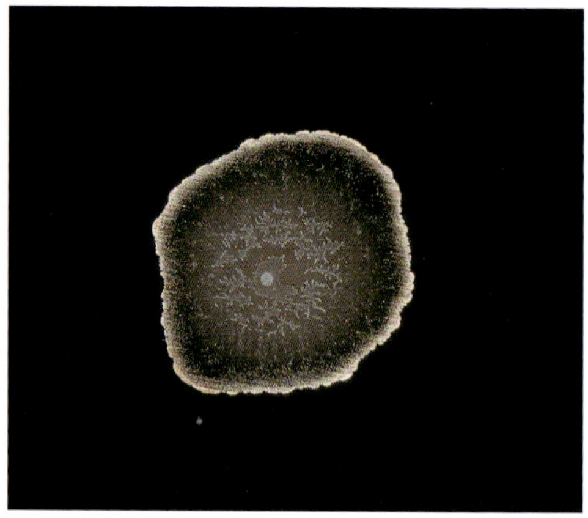

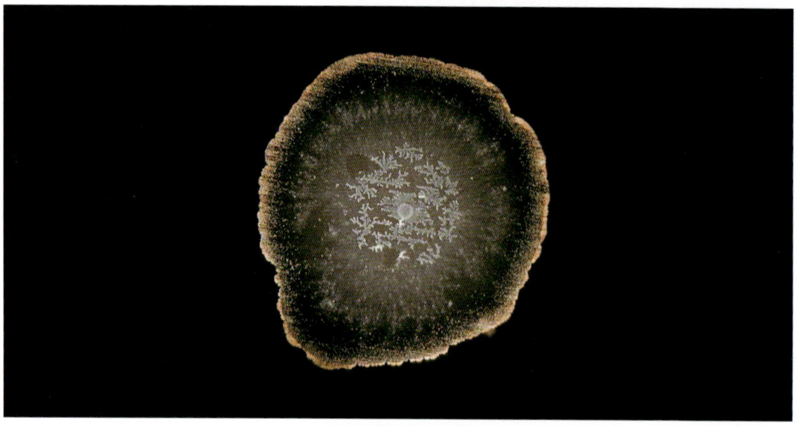

__2. Versuch__

Referenzwasser (links).

Wasser außerhalb des Käfigs aktiviert (rechts).

Wasser im Käfig aktiviert (unten).

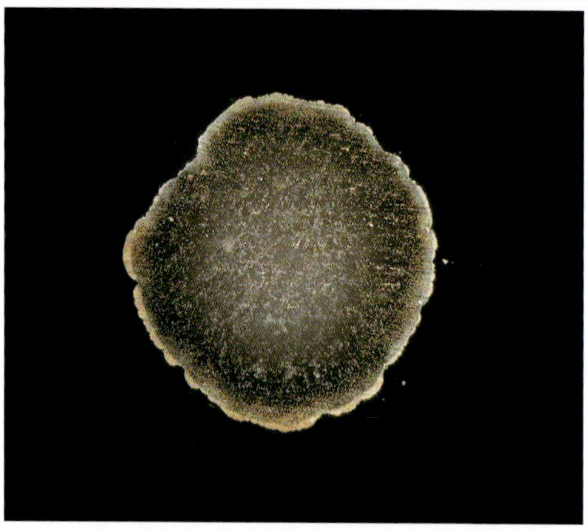

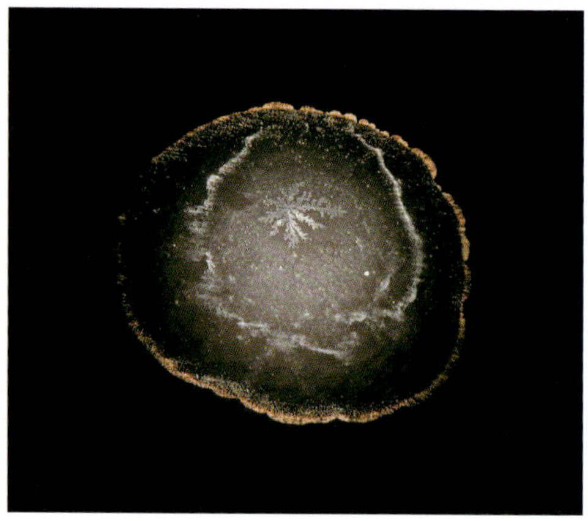

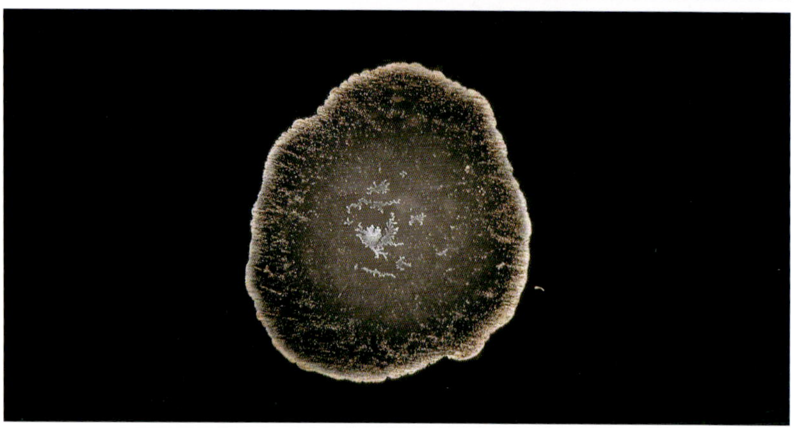

3. Versuch

Referenzwasser (rechts).

Wasser außerhalb des Käfigs aktiviert (Mitte).

Wasser im Käfig aktiviert (unten rechts).

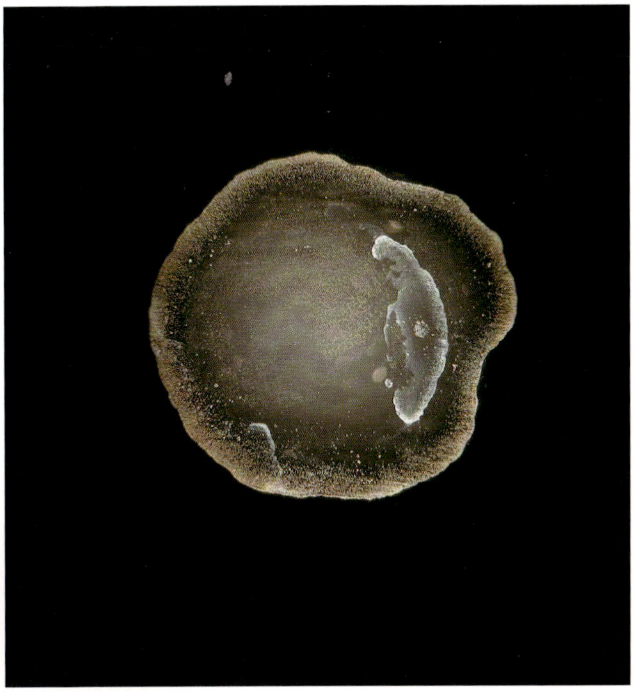

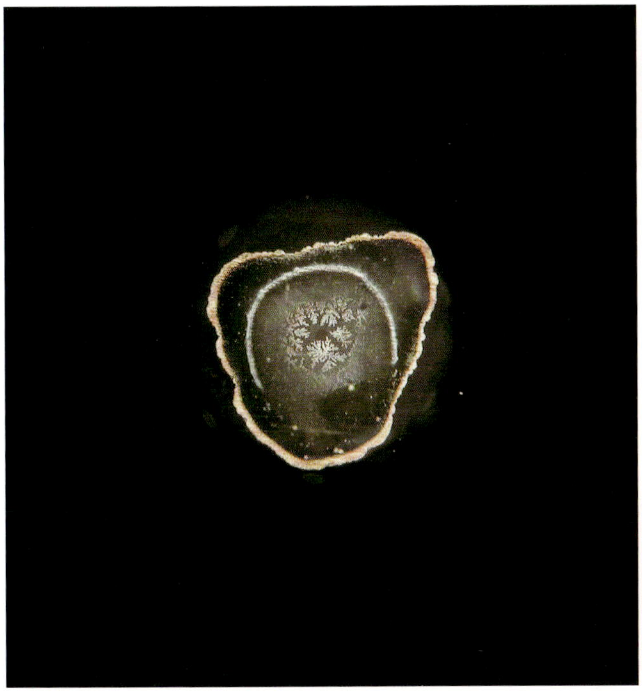

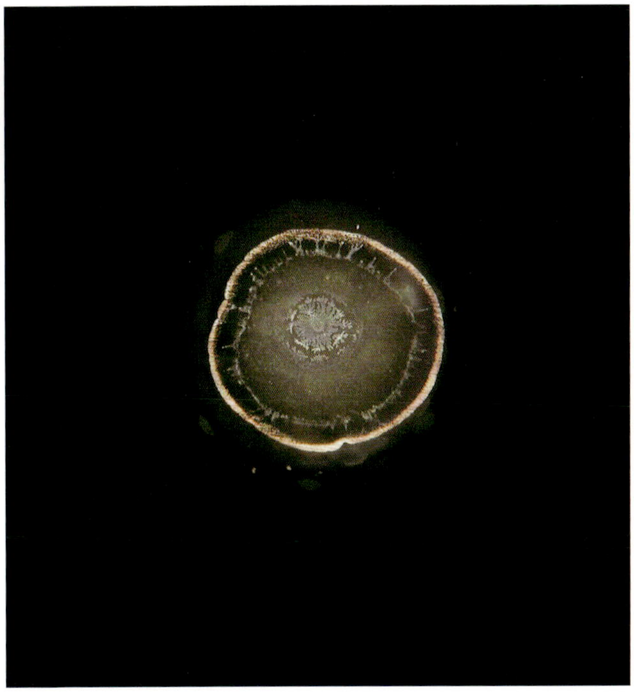

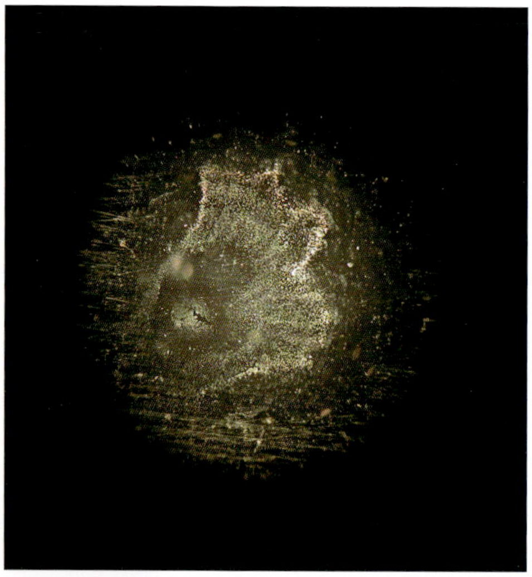

Leitungswasser ohne und mit »Quantenfeld«.

Leitungswasser ohne (links) und mit »Quantenfeld« (unten).

Speichel ohne »Quantenfeld«.

Speichel mit »Quantenfeld«.

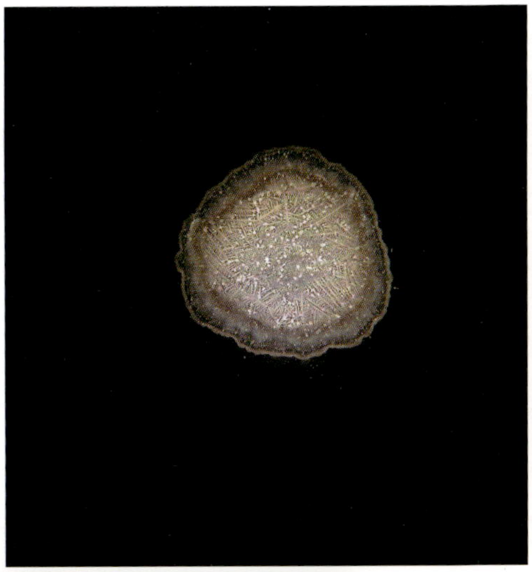

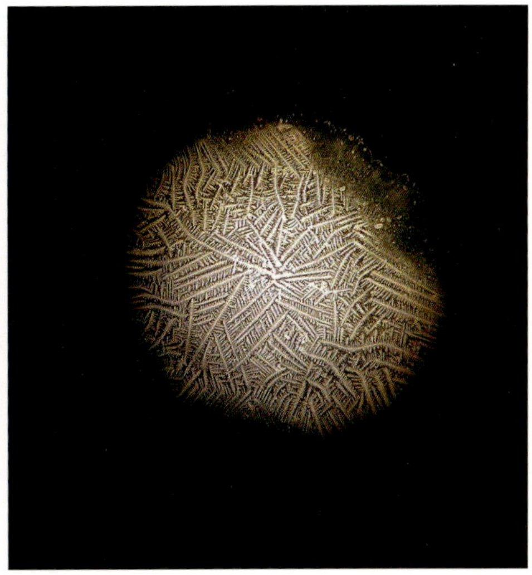

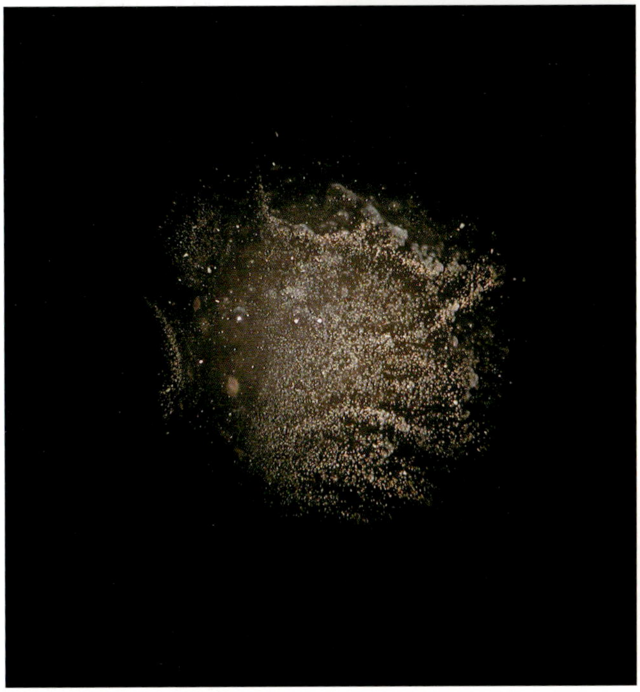

Wasser mit »Quantenfeld« im Detail.

»Herzform« im Wassertropfen nach Aktivierung einer liebevollen E-Mail.

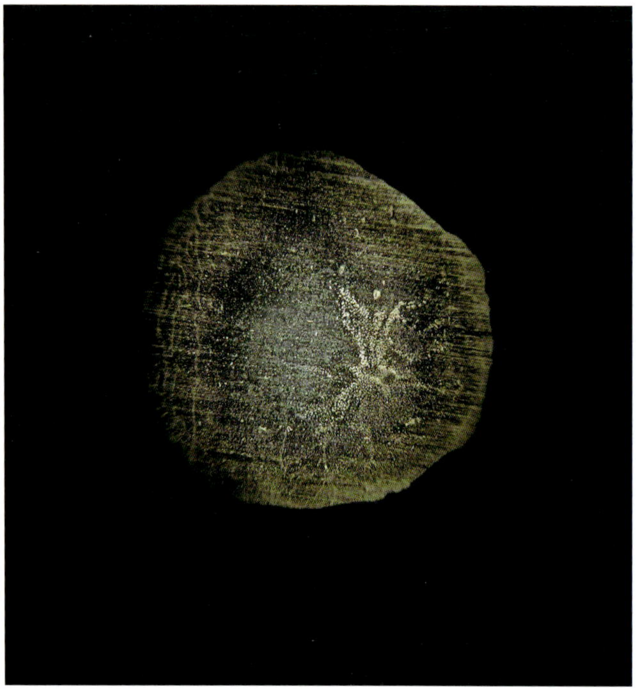

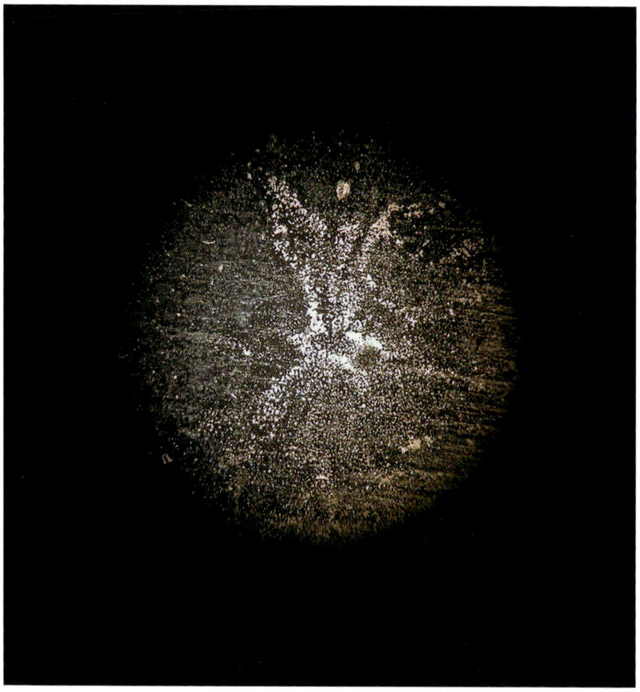

*Komplexe Signatur im Tropfen,
Tropfen und Detail*

Diesen Versuch haben wir auch noch einmal mit menschlichem Speichel durchgeführt, den wir fünf Minuten lang in einer Glasampulle in ein Quantenfeld gestellt und dann aufgetropft haben. Übrigens haben wir alle Versuche dazu mehrfach wiederholt, und alle ergeben ähnliche Ergebnisse im Vorher-Nachher-Tropfenbild-Vergleich.

Zum Abschluss unserer gemeinsamen Wassertropfenuntersuchungen schlug Carlos vor, die Wirkung einer Nachricht, einer Botschaft oder schlichtweg einer E-Mail im Wassertropfen zu untersuchen. Er schrieb an einen Freund, der seinerzeit in Not war und dem er mit seinen Worten Liebe und freundschaftliche Anteilnahme ausdrücken wollte, eine wunderbare, unterstützende, liebevolle E-Mail und wollte seine Worte durch die Erstellung eines »Quantenfeldes« unterstützen. Das heißt, er schrieb die E-Mail und hat vor dem Versenden seinen Generator kurz vor den Computerbildschirm auf die E-Mail gehalten, um das Quantenfeld zu »aktivieren«. Wir haben dann das Versuchswasser vor und nach der Aktivierung durch seinen »Q-Feld-Generator« vor die E-Mail auf dem Computerbildschirm gehalten und anschließend das Wasser aufgetropft. Wir fanden im Tropfen des Wassers, das wir vor die mit dem »Q-Feld-Generator« aktivierten E-Mail gehalten haben, doch tatsächlich eine »Herzform«-Struktur im Inneren (siehe Foto Seite 121 unten).

Vielleicht sieht der Analytiker nur eine zufällige Anordnung von Bildpunkten in diesem Wassertropfen. Ein fühlender Mensch erkennt in dieser Struktur im Wassertropfen ein Herz. Mit diesem Foto wollen wir unsere Betrachtungen in diesem Buch beenden und dieses Kapitel zusammenfassen.

Resümee: Die »Übertragung der dritten Art« bedeutet für uns, dass Informationen unabhängig von Materie übertragen werden, und dass die Übertragung von Informationen möglicherweise Wellen- oder Hologrammcharakter besitzt. Auf jeden Fall handelt es sich um eine strukturierte Information, die der Empfänger empfangen und zumindest zum Teil bewusst oder unbewusst entschlüsseln kann. Leider sind wir erst am Beginn unserer Forschung, diese Sprache zu verstehen, und hoffen auf noch zahlreiche Entdeckungen, denen wir in den nächsten Jahren nachgehen.

Nehmen wir die Postulate der derzeitigen Physik und die der Zellbiologie ernst, dann gibt es Fernwirkungen, also die Korrespondenz weit voneinander entfernter Einheiten ebenso wie die intelligente Zellmembran, die das Leben möglich macht, indem sie die Signale der Umwelt zur Aktivierung und Optimierung ihrer Lebensfunktionen benutzt. Schließlich gibt es viele Autoren, die die Liebe als eine Grundeigenschaft der Welt dem Quantenfeld zuordnen und sagen, dass dieses Feld auch zur Erfüllung von Wünschen aktiviert werden kann: von Wünschen, die mit dem Kosmos, Gott oder Himmel genannt, sowie der Person im Einklang stehen. Diese Autoren postulieren auch eine kosmische Intelligenz, die an sich formlos ist und der wir Menschen die Form durch unseren Willen und durch unsere Entscheidungen geben können.

Wir betrachten nun unsere Ergebnisse aus den Versuchen und sehen deutliche Hinweise in diese Denkrichtungen: Aus dem Ungeformten wird das Geformte. Das bildet unter der Einwirkung des kreativen Experimentators die Geschichte und die Gegenwart ab und zeugt von subtilen Wirkungen und Fernwirkungen. – All dies bildet sich im Wasser ab.

Zusammenfassung und Ausblick

Was wir derzeit zu wissen glauben

PHÄNOMENE, DIE BEACHTUNG VERDIENEN

In diesem Buch haben wir damit begonnen, das Unmögliche für möglich zu halten. Statt chaotische Strukturen zu bilden, haben uns die Wassertropfen von der Ordnung, dem Schöpferischen und seinem Weg in die Welt erzählt. Dies alles hat bereits seinen Weg genommen und wird dazu beitragen, unserem Geist die Position zu geben, die er auszufüllen imstande ist. Auch wenn es im Moment vielleicht viel von uns verlangt ist, uns von unseren eingefahrenen Vorstellungen zu distanzieren und neue Erfahrungen und Erkenntnisse zuzulassen – die da wären:

- Wasser hat ein Gedächtnis, es merkt sich und vergisst Informationen und überträgt diese durch Berührung oder berührungslose Wechselwirkungen. Wir denken, dass es eine dahinterliegende Informationsstruktur geben muss, die die »Bildpunkte« in einem Wassertropfen an die entsprechenden Stellen transportiert. Eine naheliegende Idee sind Kraftfelder, die Gleichgewichtslagen anstreben. (Welcher Art diese Kräfte sind, ist uns bisher verborgen geblieben, und wir stellen dazu im Moment auch keine Theorie auf.) Diese Kraftfelder liefern die Informationen für die Anordnung der Bildpunkte in einem Wassertropfen. Der Begriff »Information« vom lateinischen »informare« bedeutet so viel wie »eine Gestalt geben«, formen, bilden – und so bringen die Informationen etwas im Wassertropfen »in die Form«.

- Man kann sich dann unserer Meinung nach die Bildstruktur im Wasser als Stehende Wellen oder als Hologramm vorstellen. In den Bildern können wir Anteile erkennen, die auf Sedimentation und Kristallisation zurückzuführen sind. Diese Anteile allein reichen aber nicht aus, um die Strukturen zu erklären. Elektromagnetische Felder leisten sicher ihren Beitrag, können aber nicht allein die Ursache sein, da auch Schallfelder – also rein mechanische Felder – zu Bildveränderungen führen.

- Schließlich haben wir Versuche mit geistiger Beeinflussung durchgeführt, die uns zu zeigen scheinen, dass es neben den elektromagnetischen und den mechanischen Wellen auch Wellen gibt, die diese Eigenschaften (elektromagnetisch und mechanisch) nicht haben und die wir als Menschen erzeugen können. Eine naheliegende Vorstellung dazu wäre, dass unser Geist in der Lage ist, Informationen zu empfangen und so zu verstärken, dass bildformende Kräfte entstehen. Geist formt nach dieser Vorstellung Materie, indem er Strukturen aus dem übergeordneten (Quanten-)Feld nimmt und diese in unsere materielle Welt »inkarniert«. Dies wäre eine Hypothese, an der sich weiter zu forschen lohnt, denn niemals zuvor gab es so viele Ideen aus den verschiedenen Wissenschaften, die so etwas nahelegen. Mit unseren Ergebnissen stehen wir am Beginn einer Erweiterung unseres Weltverständnisses. Also eine spannende Zeit!

- Das Wasser erhält eine völlig andere als die ihm bisher zugeschriebene Rolle. Neben dem Lebensstoff mit über vierzig physikalischen Anomalien erkennen wir, dass es Information speichert und diese überträgt und dass Lebendiges und Nichtlebendiges darin ein nichtmaterielles Abbild hat. Damit entsteht eine neue Relation von Form und Stoff, eine Relation von Geist und Materie gewinnt Realität. Wasser und wässrige Lösungen nehmen äußere Einwirkungen auf und speichern diese als Informationen, die sie auch wieder abgeben können. Meere, Seen, Flüsse und Bäche sind Informationsspeicher mit einem vielschichtigen Gedächtnis, in dem Informationen behalten (gespeichert) und vergessen (gelöscht) werden können. Da sich diese Eigenschaft der Informationsspeicherung auch auf Pflanzen, Tiere und Menschen bezieht, befindet sich das Leben auf der Erde in einem ständigen »Kommunikationskonzert«, von dessen Melodie wir bisher kaum gehört haben.

- Wasser kommuniziert über Entfernungen und beeinflusst sich gegenseitig. Das betrifft sowohl das Wasser in der Natur als auch die Körperflüssigkeiten in Menschen, Tieren und Pflanzen. Diese Kommunikation scheint nicht auf elektromagnetischer Grundlage zu beruhen, denn sie findet auch im Faradaykäfig statt. Unterstützt wird diese Hypothese von dem Ergebnis, dass gedankliche Kommunikation zum Empfangen von externen Informationen auch bei Abschirmung von elektromagnetischen Feldern stattfinden kann.

- Und wir? Wir sind Teil dieser Kommunikation von Natur und Kosmos, Geist und Materie, und können uns nicht heraushalten – ob wir dies nun versuchen oder nicht. Ein neues, spannendes Kapitel aus Naturwissenschaft und Philosophie beginnt mit der Wasserforschung und der Betrachtung der sieben Geheimnisse des Wassers.

DIE ROLLE DES EXPERIMENTATORS, SENSIBLE UND ROBUSTE PHÄNOMENE

Wasser reagiert sehr sensibel auf äußere Einwirkungen. Das schließt mit ein, dass die Untersuchungen nur Erfolg haben können, wenn der Experimentator mit seinen Eigenschaften als Teil des Versuchsaufbaus berücksichtigt wird. Dies haben wir getan und damit »Fernwirkungen« einbezogen – wie sie die moderne Physik bei sensiblen Phänomenen postuliert. Wir haben die Versuchsmethodik detailliert beschrieben, manchmal beobachtende Kommentare hinzugefügt und die Ergebnisse zur Diskussion gestellt, sodass sich der Leser ein Bild von der Reichweite der Untersuchungen machen und sie gegebenenfalls sogar wiederholen kann.

Das Ergebnis des Experiments ist auf makroskopischer Ebene, das heißt in unserem täglichen Leben, vom Experimentator abhängig und dies auf unbewusster Ebene sowie auf bewusster Ebene. Der Experimentator kann auch willentlich geistigen Einfluss auf bestimmte physikalische Dinge nehmen oder diesen erbitten. Vorgänge werden damit, in anderer Weise als bisher, für möglich gehalten, beeinflussbar, aber der Ausgang ist damit unbestimmter geworden.

Wir unterscheiden robuste Phänomene, bei denen der Versuchsausgang nicht vom Experimentator abhängt, und sensible Phänomene, bei denen der Experimentator eine Rolle beim Versuchsausgang spielen kann. Mikroskopisch hat die Quantenmechanik gezeigt, dass nicht alle Größen beliebig bestimmt werden können und dass das Ergebnis davon abhängt, in welcher Weise der Experimentator das Experiment konzipiert. Hierbei ist der Einfluss der Fragestellung wichtig. Denn es gibt beim sensiblen Experiment unbewusste und bewusste Beeinflussungsmöglichkeiten durch den Experimentator.

GANZHEIT

Ein Ergebnis unserer Untersuchungen ist, das es ganzheitliche Aspekte gibt, die nicht teilbar sind. Die geistige Repräsentation von etwas ist nicht beliebig teilbar. Vergleichbar damit ist etwas Lebendiges nicht beliebig teilbar, ohne dass das Leben verschwindet. Man kann daraus schließen, dass sich das Ganzheitliche nicht durch Wechselwirkungen von Teilen darstellen lässt. Das Pendant gibt es in der Physik bei dem kooperierenden Spin von Quantenteilchen. Auch dieser lässt sich durch Wechselwirkungen nicht erklären und ist ein Indikator für die ganzheitliche Verbundenheit der Welt.

WIRKLICHKEIT

Wirklichkeit ist das, was wirkt. Dies ist ein simpler und pragmatischer Standpunkt zur Wirklichkeit. Wirkung führt zu örtlichen und zeitlichen Veränderungen. Es gibt ein Vorher und ein Danach und Verschiebungen oder Wege. Diese können gemessen werden. In dieser Weise lassen sich auch Struktur- und Ordnungsänderungen dokumentieren. Sind diese Verschiebungen bleibend, so ist die Messung leichter, und wir sprechen von einem Gedächtniseffekt.

Somit gehen wir davon aus, dass eine Wirklichkeit aktiv war, wenn eine Wirkung dieser Art feststellbar ist, selbst wenn wir nur einen Teil der Wirklichkeit davon über das Phänomen erkennen können. Die Art, wie die Phänomene bei sensiblen Versuchen sichtbar werden, wie diese vom absichtsvollen oder absichtslosen Schauen, von der Person des Experimentators abhängen, ist unverstanden. Es sieht so aus, als ob jenseits des Phänomens die Wirklichkeiten ähnlich wie archetypische Begriffe wie vorgeformt vorliegen und im Augenblick der Beobachtung im Phänomen ihre reale Gestalt annehmen. Jeder Erkennende schöpft somit aus dem Potenzial der Möglichkeiten und bringt es ihm gemäß in die Realität.

Das bedeutet auch, dass er das Erkannte mit seinen Begriffen erfassen muss. Daraus ergibt sich die Frage nach der Herkunft dieser Begriffe. Sind Begriffe grundsätzlich nur von uns erfundene »Hilfskonstruktionen«, oder sind es geistige Wirklichkeiten, die auch unabhängig von uns existieren und Teile einer allgemeinen Weltbeschreibung sind? Wenn es so wäre und wenn man diese Dimensionen ausblenden würde, wäre man nicht in der Lage, diese zu erkennen. Also müssen auch die Begriffe aus demselben Stoff sein wie die Erkenntnis selbst.

Der gesamte Vorgang ist mehr mit der Assoziation verwandt als mit der Kausalität. Assoziation ist wechselseitig, Kausalität einseitig. Das Geschöpfte ist vom Schöpfenden mitgeformt. Dieser Vorgang ist dem in der Kunst oder bei einer Erfindung nicht unähnlich. Genaueres darüber zu sagen, als diesen Eindruck wiederzugeben, wäre verfrüht.

Wohl aber kann man sagen, dass die Rolle des Menschen als Erkennender und an der Schöpfung Beteiligter durch seine Gestaltungskraft bei der Formung der Weltzustände weit über das hinausgeht, was wir heute für möglich halten.

Und vieles kann nach der bewussten Lektüre in Ihrem Weltbild plötzlich möglich werden: Stellen Sie sich vor, ein Glas Wasser wirkt auf Sie, bevor Sie es trinken.
Oder Ihr Kopfsalat weiß, dass er neben Ihrem Handy im Einkaufskorb gelegen hat.
Oder ...
Das alles sind Möglichkeiten, die Sie jetzt für möglich halten ... Und damit gestalten Sie Ihre Welt – der Geist gestaltet die Materie.

Anhang

GLOSSAR

Ähnlichkeit

Die Einordnung der Bilder in das Arsenal der bereits vorhandenen geschieht über Ähnlichkeit. Diese ist Gleichheit im Sinne einer Abstraktion. Durch Absehen von Details wird die Gleichheit der Grundzüge eines Bildes geprüft und der Platz im Kontinuum der Bildwelt bestimmt.

Doppelblindversuch

Ein Doppelblindversuch ist eine Methode, um die Beeinflussung des Ergebnisses durch Probanden oder Experimentatoren auszuschalten. In der Medizin erhält der Patient vom Arzt Medizin, von der beide nicht wissen, ob sie echt oder ein Placebo ohne Wirkung ist. Wenn bei einem Placebo der Patient trotzdem Wirkungen verspürt (was bei ca. 30 Prozent der Patienten der Fall ist), so spricht man von einem Placebo-Effekt und ist vielfach geneigt, den Gedanken die Wirkung zuzuschreiben. Bei unseren Versuchen haben wir auf die Versuchsanordnung der Doppelblindheit verzichtet, da wir Erkenntnisse unter realen Bedingungen erhalten wollten und das Wasser sowieso mit den Beteiligten kommuniziert.

Fernwirkung

Eine Strukturveränderung kann durch Vermischen, Kontakt oder Fernwirkung entstehen. Bei Letzterem geschieht die Wirkung ohne materiellen Kontakt.

Man ist durchaus geneigt, die Fernwirkung bei einem Mehrpersonenversuch den Gedanken oder dem Bewusstsein der Experimentatoren zuzuschreiben. Es zeigte sich aber, dass verschiedene Wassersorten untereinander über eine Distanz kommunizieren, indem sie beispielsweise ihr eigenes Tropfenbild durch die Anwesenheit des anderen Wassers in der Nähe verändern, ohne sich zu berühren oder sich zu vermischen. Kommunikationsversuche dieser Art lassen sich durchaus reproduzieren. Jedoch kommuniziert nicht jedes Wasser mit jedem, wobei mit »Wasser« in diesem Zusammenhang die »wässrige Lösung« einschließlich aller Beimengungen gemeint ist.

Wir schließen aus unseren Versuchen auch, dass bereits das Körperwasser des Experimentators mit dem Wasser in der Spritze kommunizieren könnte, um einen solchen Effekt hervorzubringen.

Ganzheit

Ein Ergebnis unserer Untersuchungen ist, dass es ganzheitliche Aspekte gibt, die nicht teilbar sind. Die geistige Repräsentation von etwas ist nicht beliebig teilbar. Vergleichbar damit ist etwas Lebendiges nicht beliebig teilbar, ohne dass das Leben verschwindet. Man kann daraus schließen, dass sich das Ganzheitliche nicht durch Wechselwirkungen von Teilen darstellen lässt. Das Pendant gibt es in der Physik beim kooperierenden Spin von Quantenteilchen. Auch dieser lässt sich durch Wechselwirkungen nicht erklären und ist ein Indikator für die ganzheitliche Verbundenheit der Welt.

Gedächtnis

Gedächtnis ist das Vermögen, eine Information nach deren Abklingen zu speichern. Sie zeigt sich durch eine bleibende Strukturveränderung, die gelesen werden kann. Wenn Gedächtnisspuren verblassen, spricht man von »fading memory«. In diesem Sinne sind alle gemessenen bleibenden Eindrücke dem (Material-)Gedächtnis zuzurechnen, die Beule im Auto ebenso wie die Musik auf einer CD.

Bei unseren Versuchen hat sich gezeigt, dass Wasser auch das abbildet, was das Wasser »erlebt« hat. Wir sprechen deshalb von einem »Gedächtnis des Wassers«, das Informationen über vorherige Zustände speichert, diese aber in der Art des »fading memory« auch wieder vergessen kann. Manche Wässer behalten die Informationen sehr lange, andere nicht. Wir werden hier mit einer weitreichenden Änderung unseres Weltbildes konfrontiert, denn dies bedeutet, dass Meere, Flüsse, Seen, ja sogar unser Regen, große Datenspeicher sind, die uns viel erzählen könnten, wenn wir verstünden, sie zu entziffern und zu lesen.

Das ist insofern interessant, da das Wasser auf einmal etwas Verbindendes bekommt. Die Flüsse sind nicht mehr das Trennende, sondern sie sind Informationsträger von der Quelle bis zur Mündung. Und das Meer zwischen den Kontinenten bekommt plötzlich eine ganz andere Rolle in diesem ganzen Weltbild.

Kommunikation

Kommunikation entsteht, wenn Nachrichten Reaktionen hervorrufen, die zurückgesendet werden, sodass eine Beeinflussung des Absenders entsteht. Zu den Spielarten gehört auch die Scheinkommunikation, bei der der Absender die Reaktion des Empfängers antizipiert und diese ihn bereits verändert, unabhängig davon, ob der Empfänger die Nachricht je erhält. Die Beeinflussung von Sender und Empfänger kann als Gedächtnisspur festgestellt werden – man wurde beeindruckt.

Mehrpersonenversuch

Ein Beispiel für sensible Phänomene ist der Mehrpersonenversuch. Mit ihm kann gezeigt werden, dass das Versuchsergebnis systematisch vom Experimentator abhängt, und zwar durch sogenannte »Fernwirkung«, das heißt, ohne dass der Experimentator die Versuchssubstanz (das Wasser) berührt oder eine Vermischung von zu prüfenden Substanzen mit Substanzen des Experimentators eintritt.

Ein Beispiel eines Versuchs: Mehrere Personen werden in hinreichend großen Abständen an Arbeitstischen in einem Raum platziert, sodass eine gegenseitige Beeinflussung ausgeschlossen ist. Jeder von ihnen erhält eine Einwegspritze und zwei gereinigte gläserne Objektträger mit einer anonymen Kennung. Jeder von ihnen füllt seine Einwegspritze mit dem ausgewählten Referenzwasser aus einem zentral aufgestellten Glas, geht zu seinem Arbeitsplatz und betropft beide Objektträger mit circa je 20 kleinen Tropfen von etwa 3 Millimetern Durchmesser und lässt diese in seiner Anwesenheit trocknen. Danach werden die Objektträger eingesammelt und unter einem Lichtmikroskop mit einer etwa 40-fachen Vergrößerung fotografiert.

Der Vergleich der Tropfenbilder zeigt, dass die Tropfenbilder nicht alle gleich sind. Die Serien der Experimentatoren unterscheiden sich deutlich voneinander, während die Tropfen jedes einzelnen Experimentators im Vergleich dazu sehr ähnlich sind.

Dies bedeutet, dass eine individuelle Einwirkung des Experimentators auf den Tropfen oder das Wasser in seiner Spritze stattgefunden haben muss. Eine Information muss vom Experimentator in das Wasser gelangt sein, die die systematische Veränderung der Anordnung im Tropfenbild bewirkt hat. Da keine direkte Berührung mit dem Wasser stattfand, bezeichnen wir diese Informationsübertragung als Fernwirkung.

Ordnung

Form, und also Information, setzt Ordnung voraus. Ordnung wird in An-Ordnung sichtbar, wenn Muster entstehen und der Zufall nicht als alleingestaltende Kraft zu wirken scheint. Ordnung unterscheidet sich von Unordnung durch Regelmäßigkeit. Aus der Regelmäßigkeit formen sich Gestaltungen, die als Ganzheit erkannt werden.

Phänomene

Nach Martin Wagenschein (deutscher Physiker und Pädagoge des 20. Jahrhunderts) zeigt sich das Phänomen selbst über Erscheinungen, ohne einen äußeren Zwang, der seine Erscheinungsform verfälscht. Bei unseren Untersuchungen haben wir mit dem Phänomen der Strukturbildung beim Trocknen von Tropfen zu tun. Dies ist ein sehr sensibler Vorgang, da die Bildungskräfte leicht durch uns unbekannte Kräfte und Felder beeinflusst werden können. Wir haben gesehen, dass der Experimentator hier selbst Einfluss nehmen kann. Es ist daher sehr wichtig, eine Versuchsumgebung zu schaffen, die Verfälschungen vermeidet oder aber diese Einflüsse als Parameter des Versuchs zu betrachten. Phänomene repräsentieren Ordnungen der Welt jenseits von uns. Indem wir sie erkennen, beeindrucken sie uns – und manchmal wir sie.

Reproduzierbarkeit

Reproduzierbarkeit in unserer Wasserforschung bedeutet, dass dasselbe Wasser zur selben Zeit vom selben Experimentator am selben Ort aufgetropft wird. Unter diesen Umständen ist ein reproduzierbares Versuchsergebnis zu erwarten. Der Experimentator muss als Variable in das Versuchsergebnis miteinbezogen werden, das heißt emotionaler Stress und Druck beeinflussen den Versuch und sollten vermieden werden. Achtsamkeit, Ruhe und wissenschaftliche Absichtslosigkeit sind für die Reproduzierbarkeit ebenfalls notwendig.

Resonanz

Resonanz bedeutet Mitschwingen. Ein Körper schwingt und regt einen benachbarten Körper zur selben Schwingung an, insbesondere in den leicht zu erregenden unteren Eigenfrequenzen. Wesentlich ist dabei die Abstimmung. Zwei gleiche Stimmgabeln mit denselben Eigenfrequenzen geraten leicht in Resonanz, zwei verschiedene nicht.

Resonanz ist in der Natur ein sehr wesentlicher Übertragungsmechanismus, da so Schwingungsinformationen als Modulation von Wellen auf gleichartige Systeme übertragen werden können. Wasser, das zu einer Person passt, gerät mit den körpereigenen Schwingungen dieser Person in Resonanz und verstärkt die körpereigene Übertragung von ganzen Schwingungsspektren. Diese wirken wie Akkorde auf den Körper und können ihn in seine ursprünglichen Schwingungen zurückführen. Somit erklärt sich, dass es kein Wasser gibt, das mit allen Menschen in Resonanz ist, da die Körperschwingungen individuell verschieden sind. Man muss also »sein« Wasser finden.

Robustheit und Sensibilität

Robuste Phänomene sind solche, die unabhängig von Ort, Zeit und Experimentator reproduzierbare Ergebnisse zeigen, sensible solche, bei denen das Ergebnis von Fernwirkungen abhängt, zum Beispiel vom Experimentator. Solche Beeinflussungen lassen sich nachweisen, indem man die Nachweismethodik umkehrt: Viele Experimentatoren führen zur gleichen Zeit am gleichen Ort dasselbe Experiment durch und erzielen jeder für sich reproduzierbare, aber jeder vom anderen unterscheidbare Ergebnisse. Siehe Mehrpersonenversuch.

Schauen

Wir gehen davon aus, dass es in der belebten Natur hinter den Mechanismen wie Selbstheilung und Reproduktion bildformende Kräfte gibt, die angelegt und weiterentwickelt werden können. Diese wirken für Eindrücke von außen wie Filter und transformieren ein Signal in einen Kontext, der das bereits bestehende Bild verändert, seine Konturen vertieft, oder es verwischt. Zu feste Bilder – Vor-Urteile – verhindern daher unbefangenes Schauen und die Erkenntnis des Neuen. Die Kunst des Erkennens des Neuen ist, unbefangen zu schauen und das Entstehen neuer Bilder angstlos zuzulassen.

Die Erkenntnis wird in drei Stufen gewonnen. Aus dem uns unzugänglichen Potenzial der Wirklichkeit beleuchten wir durch eine Einwirkung (in der Versuchsanordnung) eine Möglichkeit. Diese zeigt sich als Phänomen. Dieses betrachten wir durch das Mikroskop, und es erscheint als Bild. Dieses Bild beschreiben wir mit Begriffen. Diese werden in einer Sprache formuliert und in Regeln gefasst, zu einer Gesetzmäßigkeit verdichtet und schließlich als vorläufig gültig beim Wissen abgelegt. Bei jedem dieser Schritte sind Interpolations-, Extrapolations- und Fehler in der Wahl der Begriffe und der Bilder und der Schlussweise möglich. Deshalb wird dieser Vorgang häufig wiederholt, um zumindest eine statistische Sicherheit zu bekommen. Diese schließt jedoch nicht aus, dass permanent falsche Begriffe und Schlussweisen verwendet werden. Daher besteht die Forderung, möglichst vorbehaltlos zu beobachten und frei von eingetretenen Pfaden die Kette zum Wissen zu durchlaufen.

Wahrheit

Wahrheit ist das, was das Individuum für wahr hält. Der Einflussbereich der Wahrheit ist durch den Informationsraum begrenzt. Diese Anschauung von Wahrheit ist nicht von der sonst üblichen Absolutheit.

Wege und Kräfte

Von den Erscheinungen erkennen die Sinne offenbar nur einen Teil, nämlich den, der den Wegen entspricht. Kräfte und Spannungen, die nach unserem Verständnis Verschiebungen von Materie, also Wege hervorrufen, sind prinzipiell unsichtbar. Aus den Spuren, die Wirkungen in der Materie zurücklassen, erschließen wir durch individuelle bildformende Kreativität die Bilder unserer Welt, die Wirklichkeit. Diese ist deshalb stets für jeden einzigartig und in der Einzigartigkeit nur individuell erfahrbar.

Wirklichkeit und Objektivität

In der Wissenschaft benutzt man zur Erkenntnis der Wirklichkeit das Experiment. Dieses stellt einen Ausschnitt aus der Wirklichkeit dar, der wiederholbar durchgeführt werden kann und beobachtbare Ergebnisse (messbare Wege im obigen Sinne) ergibt. Erkennen die Beobachter bei der Wiederholung dasselbe Bild (dieselbe Schnittmenge), so spricht man von einem objektiven Ereignis. Dieses sollte bei derselben Ähnlichkeitsabstraktion unabhängig von dem Beobachter, dem Experimentator, von Ort und Zeit sein. Dieses »intersubjektive« Ereignis wird dann als »objektives« Ereignis zur Wirklichkeit hinzuaddiert und verfestigt deren Bild. Dies ist der Grund dafür, dass bestätigte Theorien unser Leben bestimmen: Das Alte ist des Neuen Feind.

Wissen

Unser Wissen stellt die Menge der vorläufig bestätigten Welt-Bilder dar, die wir aus eigener Erfahrung gewonnen oder durch Glauben übernommen haben. Glauben ist hier der Mechanismus, Bilder aus höherer Einsicht ohne detaillierte Bestätigung durch die Sinne in die eigene Bildwelt des Wissens aufzunehmen.

LITERATURVERZEICHNIS

Arzt, Volker: Kluge Pflanzen, München: C. Bertelsmann Verlag 2009

Chaplin, Martin: The Memory of Water: an overview, in: Homeopathy, London, Faculty of Homeopathy, 2007

Dossey, Larry: One Mind – Alles ist mit allem verbunden, Amerang: Crotona Verlag 2014

Eddington, Arthur Stanley: Die Wissenschaft und das Unsichtbare. Die Grundlagen eines neuen Denkens, Amerang: Crotona Verlag 2015

Emoto, Masaru: Die Antwort des Wassers, Band 1, Burgrain: Koha Verlag 2014

Gienger, Michael, und Goebel Joachim: Edelsteinwasser, Herstellung-Anwendung-Wirkung, Saarbrücken: Neue Erde 2006

Goldsworthy A., Whitney H., Morris E.: Biological effects of physically conditioned water, in: Water Research Journal, Vol. 33, No. 7, Seiten 1618–1626, Amsterdam: Elsevier 1999

Hacheney, Friedrich: Levitiertes Wasser in Forschung und Anwendung, Peiting: Michaels Verlag 2005

Hawking, Stephen: Eine kurze Geschichte der Zeit. Die Suche nach der Urkraft des Universums, Reinbek: Rowohlt 1989

Jerman, Igor: Long- and short-range subtle field impacts on water, lecture at the 10th international conference on the physics, chemistry & biology of water, Warna, Bulgaria 2015

Kolb, Annette, und Sinner, Katharina: Musik im Blut? – Ein Forschungsbericht im Rahmen des INSTI-NaT-Working, Rottweil 2007. Teilnahme bei »Jugend forscht«

Kröplin, Bernd: Welt im Tropfen – Gedächtnis und Gedankenformen im Wasser, Stuttgart: GutesBuch Verlag 2001

Kröplin, Bernd und Schöck, Joachim: Elektrosmog – eine Methode zur Detektion von elektromagnetischen Feldern in lebendigen Organismen, Projekt Apollo VII, Stuttgart 2003: Institut für Statik und Dynamik der Luft- und Raumfahrtkonstruktionen der Universität Stuttgart 2003, aktualisierte Ausgabe: Stuttgart: GutesBuch Verlag 2015

Kübler, Ruth: Der Kosmos im Wassertropfen – Geheimnisvolle Tropfenphänomene, München: AT Verlag 2006

Lauterwasser, Alexander: Schwingung – Resonanz – Leben, Aarau: AT Verlag 2015

Lindsay, Peter H., und Norman, D. A.: Human Information Processing, New York: Academic Press, 1977

Lipton, Bruce H.: Intelligente Zellen – Wie unsere Erfahrungen unsere Gene steuern, Burgrain: Koha Verlag 2014

Lipton, Bruce und Bhaerman, Steve: Spontane Evolution – Unsere positive Zukunft und wie wir sie erreichen, Burgrain: Koha Verlag 2009

McTaggert, Lynne: The Field: The Quest for the secret force of the universe, (Updated Edition) New York: HarperCollins Publishers 2008

Pagels, Heinz R.: Cosmic Code – Quantenphysik als Sprache der Natur, übersetzt von Ralf Friese, Berlin, Frankfurt/M., Wien: Ullstein Verlag 1983

Pert, Candace B.: Moleküle der Gefühle. Körper, Geist und Emotionen, Vorwort von Deepak Chopra, übersetzt von Hainer Kober, Reinbek bei Hamburg: Rowohlt 1999

Pollack, Gerald H.: Wasser – viel mehr als H_2O, Kirchzarten bei Freiburg: VAK Verlag 2014

Pollack, Gerald H. (Editor): Water and the Cell, Dordrecht: Springer Verlag 2006

Ryrie, Charlie: Heilende Energie des Wassers, Neuhausen am Rheinfall: Urania Verlags AG 1999

Stone, Robert B.: The secret life of your cells, Atglen: Schiffer Publishing Ltd. 1989

Tichy, Andrea: Lebendiges Wasser – Energiequell des Körpers, Frankfurt/M.: Quell Verlag GmbH 2016

Warnke, Ulrich: Quantenphilosophie und Interwelt: Der Zugang zur verborgenen Essenz des menschlichen Wesens, München: Scorpio Verlag 2013

Internetquellen

http://www.hochdruckliga.de/nachrichtendetails/items/255.html, Infos zur Studie über die Wirkung von Musik auf den Blutdruck.

http://www.weltimtropfen.de, Versuchsergebnisse und Ausstellungstermine zur Wasserforschung

ABBILDUNGSVERZEICHNIS

Seite 16 oben links, 35 oben links, 83, 88, 104 aus: Kröplin, Bernd: Welt im Tropfen – Gedächtnis und Gedankenformen im Wasser, Stuttgart: GutesBuch Verlag 2001

Seite 26, 48, 58, 62, 64, 65, 67–69, 71, 74, 75, 76 links, 90 aus: Kröplin, Bernd und Schöck, Joachim: Elektrosmog – eine Methode zur Detektion von elektromagnetischen Feldern in lebendigen Organismen, Projekt Apollo VII, Stuttgart 2003: Institut für Statik und Dynamik der Luft- und Raumfahrtkonstruktionen der Universität Stuttgart 2003, aktualisierte Ausgabe: Stuttgart: GutesBuch Verlag 2015

Seite 11, 17, 22–25, 36, 56, 57, 62, 73, 76 rechts, 84, 85, 87 unten, 107 unten aus der Ausstellung »Welt im Tropfen« von Prof. Dr. Bernd Kröplin (Leitung) und beteiligten Künstlern und Forschern, Stuttgart 2001 ff.

Seite 78, 80, 87 Mitte aus: Kolb, Annette und Sinner, Katharina: Musik im Blut? – Ein Forschungsbericht im Rahmen des INSTI-NaT-Working, Rottweil 2007. Teilnahme bei »Jugend forscht«

Seite 16 oben rechts: Photograph from R. C. JAMES, taken from Lindsay, Peter H. & Norman, D. A.: Human Information Processing. New York: Academic Press, 1977, Fig. 1.11

Seite 9 Fotolia.com © Kovalenko I

Seite 48 Fotolia.com © Koya979

Seite 102 Fotolia.com © jm

Alle anderen Fotos: »Welt im Tropfen«-Forschung, Prof. Dr. Bernd Kröplin, Regine C. Henschel

EIN HERZLICHER DANK

Dieses Buch entstand auf Basis der Forschungen aus den vergangenen fünfzehn Jahren. Es konnte nur zusammengetragen und aufgeschrieben werden, weil zahlreiche Mitarbeiterinnen und Mitarbeiter über die Jahre hinweg geduldig ihre Wassertropfenversuche eruiert und dokumentiert haben. Wir danken an dieser Stelle insbesondere den Kollegen und Kolleginnen für ihre Ideen und ihre Mithilfe, etwas Neues in die Welt zu bringen, an das vor über fünfzehn Jahren, als wir begannen, noch niemand zu denken gewagt hat.

Ein herzlicher Dank gilt Sigrid Staib, Dr. Joachim Schöck, Marianne Eberl, Bodo Leuthner, Minnie Hein, Alexander Lauterwasser, Ruth Kübler, den Rottweiler Schülerinnen Katharina Sinner und Annette Kolb sowie ihrem Lehrer, dem Erfinderclub Gelnhausen und den vielen Lesern und Leserinnen, die uns Anfragen, Ideen oder Wasserproben geschickt haben und immer noch schicken. Wir danken auch all den zahlreichen engagierten Menschen, die unsere Forschungsarbeit durch Ausstellungen, Vorträge und Veröffentlichungen unterstützen. Ein Forschungsthema wie dieses, das auf Idealismus beruht, kommt nur durch Gemeinsamkeit und Zusammenarbeit in die Welt. Ein herzlicher Dank gilt Dr. Ulrich Bleyer, Direktor der Urania e. V. in Berlin; mit ihm zusammen haben wir eine der erfolgreichsten »Welt im Tropfen«-Ausstellungen samt Vortragsreihe organisiert. Daraus entstand unsere Ausstellung »Welt im Tropfen«, die jedes Jahr an verschiedenen Ausstellungsorten zu sehen ist – inzwischen auch international.

Wir danken den interessierten Leserinnen und Lesern, die nach Vortragsveranstaltungen oder über unsere Internetseite www.weltimtropfen.de mit uns Kontakt aufgenommen haben: Ihre Fragen und Anregungen waren uns immer wichtig, auch wenn wir nicht immer zeitnah antworten können. Wir freuen uns auf weitere Zuschriften und einen regen Austausch!

Wir danken dem wunderbaren Team des AT Verlags, der unsere spannenden Versuchsergebnisse und Tropfenbilder zu einem schönen und geheimnisvollen Wasserbuch gestaltet hat.

Und wir danken der TAO-Group, unserer Luft- und Raumfahrt-Engineering-Firma, die uns diese Wassertropfenforschungen finanziell unabhängig und dadurch von externen Interessen frei ermöglicht. Das wissen wir sehr zu schätzen und sind sehr dankbar dafür.

Ein herzlicher Dank Euch allen!

DIE AUTOREN

Bernd Kröplin
Prof. Dr.-Ing., bis 2010 Institutsleiter am Institut für Statik und Dynamik der Luft- und Raumfahrtkonstruktionen an der Universität Stuttgart. Er forscht seit über 20 Jahren am Gedächtnis des Wassers. Er und seine Mitarbeiter sind auf bahnbrechende Eigenschaften und Erkenntnisse zur Rolle des Wassers in unserer Welt gestoßen. 2001 gründete er die TAO Group, eine Forschungsfirma für zukunftsweisende Technologien. Träger renommierter Wissenschaftspreise. Vorträge und Ausstellung »Die Welt im Tropfen«.

Regine C. Henschel
Studium der Philosophie (M.A.). TV-Redakteurin u.a. für Arte, ZDF und 3Sat mit den Themenschwerpunkten Wissenschaft und Kultur. Ab 2001 Zusammenarbeit mit Prof. Dr. Bernd Kröplin im Bereich der Wasser- und Feldforschung »Die Welt im Tropfen«. Gründung und Geschäftsführung der TAO Group. Lesungen und Vorträge.

www.weltimtropfen.de
www.tao-group.de

Prof. Dr. Bernd Kröplin (Hrsg.)

Welt im Tropfen

Gedächtnis und Gedankenformen im Wasser

83 Seiten, 60 Farbfotos und Farbtafeln,
Leineneinband, Schutzumschlag
GutesBuch Verlag, ISBN 978-3-930683-64-2
Erhältlich im Buchhandel und direkt bei
www.weltimtropfen.de

Ursprünglich als Begleitbuch zur Ausstellung »Welt im Tropfen« erschienen, gilt dieses Buch bis heute als Grundlagenwerk der Wasserforschung zum Thema »Gedächtnis des Wassers«. Es enthält Beiträge verschiedener Autoren, die sich unterschiedlichen Aspekten der Arbeit mit dem Wasser widmen. Dies eröffnet vor dem Hintergrund streng wissenschaftlicher Disziplin das Wundern über die Schönheit und die Vielfalt der Erscheinungen im Wasser als Quell des Erkennens und Verstehens. Es ruft uns in Erinnerung, dass die Erkenntnis, auch in der Wissenschaft, immer sinnlich beginnt.

Themen sind u. a.: Die Bildsprache der Natur, Wirbel und Wellen, Interaktion von Wasser mit Wasser, Experimentator und Objektivität, Gedankenformen im Wasser.

Informationen über aktuelle Ausstellungen, Vorträge und Veröffentlichungen erhalten Sie im Internet: http://www.weltimtropfen.de